中国林业出版社

金设计Ⅰ

2011中国室内设计
年度优秀酒店·休闲空间作品集

CHINA INTERIOR DESIGN ADWARDS 2011
GOOD DESIGN OF THE YEAR
HOTEL · LEISURE SPACE

《金堂奖》组委会 编

中国林业出版社

年度优秀酒店空间

GOOD DESIGN OF
THE YEAR HOTEL

年度优秀休闲空间

GOOD DESIGN OF
THE YEAR LEISURE SPACE

JINTANGPRIZE 金堂奖

2011 中国室内设计年度评选
CHINA INTERIOR DESIGN AWARDS 2011

GOOD DESIGN
OF THE YEAR
HOTEL
年度优秀
酒店空间

主案设计：
任清泉 Ren Qingquan
博客：http://46433.china-designer.com
公司：任清泉设计有限公司
职位：设计总监
职称：
中国建筑装饰与照明设计师联盟常务理事
深圳室内设计师协会常务理事

世界酒店联盟理事
世界酒店钻石奖十大杰出设计师
中外酒店白金奖十大白金设计师
奖项：
　2010第五届海峡两岸室内设计大赛酒店建筑
空间银奖
　广州凯怡牙科会所荣获金堂奖•2010CHINA-
DESIGNER 中国室内设计年度评选 年度优秀

公共空间设计
项目：
广州凯怡牙科会所　　　　深圳任清泉设计有限公司
广州中信车仔茶餐厅　　　海南三亚七仙瑶池热带雨林度假酒店
广州南湖半岛别墅　　　　湖北襄樊美易•美家快捷酒店
广州君汇世家私人住宅　　惠州奥林匹克花园花园洋房B户型别墅样板房
浙江台州仙居花园样板房　成都南天府创意公园售楼会所
珠海中天维港私宅

七仙瑶池度假酒店
Qixian Yaochi Holiday Hotel

A 项目定位 Design Proposition
一个优秀的建筑空间，可以承载多种功能，船屋不仅可以满足大型聚会作为中餐和西餐会所，她的档次和品位绝不逊于世界顶级酒店。

B 环境风格 Creativity & Aesthetics
在晨雾轻饶的早晨，一杯热牛奶，闭上眼睛，感受这深山中的清新。远处的七仙岭也隐约可现，这样的环境里，自己也觉得置身世外。

C 空间布局 Space Planning
在大山中，夜空里，月光下，鲜花前，所有的一切显得格外亲切，一切又那么安静。船屋四周全部是可以完全打开的折叠门，完全开放的空间把室内外美景全部据为己有，虽在室内却感觉置身群山从林中。

D 设计选材 Materials & Cost Effectiveness
以椭圆形的吧台为中心，人们可以围坐在这里，两端有多人座的长条桌，靠两侧摆放四人条桌，室外沙发和茶几，无论是家庭聚会，三五好友，还是情侣一对，都能找到最适合自己的位置。

E 使用效果 Fidelity to Client
深受业主的好评。

Project Name_
Qixian Yaochi Holiday Hotel
Chief Designer_
Ren Qingquan
Location_
Sanya Hainan
Project Area_
1,000sqm
Cost_
1,000,000,000RMB

项目名称_
七仙瑶池度假酒店
主案设计_
任清泉
项目地点_
海南 三亚
项目面积_
1000平方米
投资金额_
10亿元

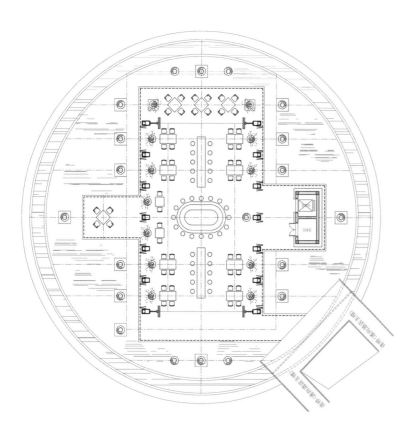

平面布置图

主案设计：
刘红蕾 Liu Honglei
博客：
http://131948.china-designer.com
公司：
加拿大毕路德国际——北京毕路德建筑顾问
有限公司
职位：董事、室内设计总监

奖项：
2008年度广州设计周中国十大设计师评选活
动——金羊奖
2008年度CIDA第7届中国国际室内设计大展金奖
2008年度中国饭店协会第四届酒店装饰大赛
荣誉奖
2008年度广州设计周中国室内10大设计师
评选活动——金羊奖

项目：
北京市建筑设计研究院深圳院办公楼
深圳招商海运中心
北京铁道大厦酒店－附楼
北京市建筑设计研究院深圳院办公楼
深圳海世界B户型样板房
深圳高尔夫会所
中国证券监督管理委员会深圳监管办公楼
深圳领海酒店
深圳万科大梅沙项目销售厅
住宅空间概念（多伦多）

海口鸿洲埃德瑞皇家园林酒店
Haikou Eadry Royal Garden Hotel

A 项目定位 Design Proposition

海口鸿洲埃德瑞皇家园林酒店定位为五星级休闲度假酒店。服务主要面向享受高层次生活体验的休闲度假群体，休闲会议群体，军政及事业单位招待及宴请。

B 环境风格 Creativity & Aesthetics

本项目为改扩建项目，原有建筑为仿古建筑风格，设计有客房、餐饮、娱乐、员工后勤服务区等功能，新建筑采用现代古建筑风格，扩建部分设有会议，客房，入口接待厅等功能。

C 空间布局 Space Planning

整体布局采用中式王府大院，总平面采用严谨的中轴线对称式布局，以中式园林为主导，强调建筑的中轴线以及群落感，突出传统意境在空间院落上的存在。利用院落来划分建筑空间，参照中式王府大院不同院落私密性，赋予院落不同的气质。通过对传统宫殿建筑的研究和提炼，将符合现代审美的建筑形象和古典中式建筑相结合，创造出别具一格的新中式建筑风格。

D 设计选材 Materials & Cost Effectiveness

"贵精不贵丽，贵新奇大雅，不贵纤巧烂漫"，设计通过现代手法诠释中国传统皇室的经典品质，以内敛沉稳的古典空间为出发点，设计沿袭金色、深红色、玫瑰红、中国红等传统色彩，在形成强大的视觉冲击力之余不乏中式的风范与传统文化的审美意蕴。将雕刻、刺绣、书法等中国特有元素经过组合后融入氛围的营造，将木、丝、玉、铜等材质通过细腻的文化语言构造出恍若重回历史的体验意境。木与大理石和谐搭配，营造出自然涌动的空间气场，用现代语汇体现了凝练唯美的中国古典情韵。同时借助灯光的渲染、窗外景观的引入等表达了对清雅含蓄、端庄丰华的东方式诗意之美。

E 使用效果 Fidelity to Client

中式风格引人瞩目。

Project Name_
Haikou Eadry Royal Garden Hotel
Chief Designer_
Liu Honglei
Participate Designer_
Yang Yuxin , Min Jiang
Location_
Haikou Hainan
Project Area_
58855sqm
Cost_
60,000,000RMB

项目名称_
海口鸿洲埃德瑞皇家园林酒店
主案设计_
刘红蕾
参与设计师_
杨宇新、闵江
项目地点_
海南 海口
项目面积_
58855平方米
投资金额_
6000万元

主案设计:
杨邦胜 Yang Bangsheng
博客:
http://187787.china-designer.com
公司:
YAC（国际）杨邦胜酒店设计顾问公司
职位:
董事长、设计总监

职称:
APHDA亚太酒店设计协会副会长
CIID中国建筑学会室内设计分会常务理事
中国建筑装饰协会设计委员会副主任
项目:
三亚国光豪生度假酒店
惠州金海湾喜来登度假酒店
重庆欧瑞锦江大酒店

北京南彩温泉度假村酒店
深圳圣廷苑酒店
顺德仙泉酒店
宁波华侨酒店
北京海天皇宫大酒店

成都岷山饭店
Chendu Minshan Hotel

A 项目定位 Design Proposition
岷山饭店的改造方案力求将巴蜀文化相融，契合地域特性的同时，注入最新国际化创想，古韵悠悠、山水丝竹悦耳之际，亦释放时尚现代之感。

B 环境风格 Creativity & Aesthetics
大堂内岷山之景与九曲水景共成巴蜀水墨画卷，隽永而高雅；"市花"芙蓉花瓣从空中悬落；水晶茶壶于立柱上熠熠生辉，横亘二十载的鲍鱼贝壳所制屏风，无一不是视觉盛宴。

C 空间布局 Space Planning
而此独一无二的景里，更有独一无二的器具为之匹配：大师团队亲设定制的"毛笔"等独具韵味的灯具与悬挂在厅廊上如点墨之印迹的吊饰，以及厅内的中国山水画遥相呼应，将巴蜀文化之精髓挥洒得淋漓尽致，为酒店嵌入"不可复制"的标签。雅致的中国山水，流光溢彩的时尚造诣，在岷山饭店得到至佳的中西融合，高贵间幽香绵长，所到之处都会紧紧将你的思维抓住。

D 设计选材 Materials & Cost Effectiveness
人是空间的主语，而舒适度便是酒店设计的核心。每件家具的尺寸和比例，每个装饰品的摆放位置，都是设计师们精细测算、悉心考量的结果，从而带来从身而心的舒适。

E 使用效果 Fidelity to Client
西南巴蜀，唯成都最为雅逸，岷山饭店屹然而立，为青山之间再添从容。酒店设计精品型城市商务酒店的定位，尽显岷山饭店昔日辉煌与荣耀。

Project Name_
Chendu Minshan Hotel
Chief Designer_
Yang Bangsheng
Location_
Chengdu Sichuan
Project Area_
45000sqm
Cost_
100,000,000RMB

项目名称_
成都岷山饭店
主案设计_
杨邦胜
项目地点_
四川 成都
项目面积_
45000平方米
投资金额_
1亿元

一层平面布置图

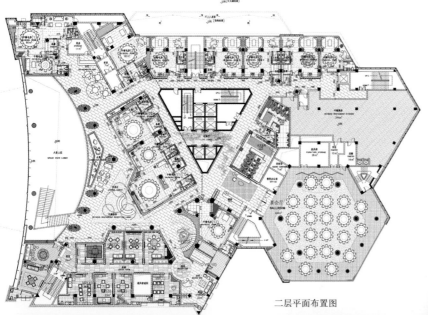

二层平面布置图

主案设计:
陈向京 Chen Xiangjing
博客: http://188819.china-designer.com
公司: 广州集美组室内设计工程有限公司
职位: 设计总监
职称:
美国IIDA国际室内设计师协会会员
中国陈设艺术专业委员会华南区委员会会长

中国建筑学会室内设计分会CIID广州分会理事
奖项:
东莞银城酒店评为五星级酒店
国家颁发客房金奖
西班牙南部建筑师协会年度银奖
第九届全国美术作品展览金奖、优秀奖
第四届全国美术作品展金奖
第十届全国美术作品展览入围奖

"为中国而设计"首届全国环境艺术设计大展金奖
项目:
杭州西湖高尔夫俱乐部别墅
杭州良渚文化渡假村酒店
苏州太湖艾美酒店建筑及室内设计
中山清华坊规划建筑及室内设计
东莞钻石半岛酒店室内设计
上海金隆皇冠酒店室内设计
纽约长岛酒店室内设计
泰国中国会

嘉兴月河客栈
Jiaxing Moon River Hotel

A 项目定位 Design Proposition
"繁庶市镇、文风鼎盛、滨海泽国、嘉禾飘香"是嘉兴月河客栈整体空间设计的主线。

B 环境风格 Creativity & Aesthetics
营造一片"繁庶景象"的空间氛围是陈设设计的构想目标。矗立于景观各个关键要道的钢板雕塑,是以嘉兴民俗作背景,提取民间的剪纸、皮影元素,结合民间生机勃勃的喜庆故事,加以抽象、夸张的造型形态,用现代的手法来体现的。

C 空间布局 Space Planning
迎合大堂"雕琢砌刻、繁庶市镇"这一主题进行创作,以嘉兴民俗作背景,提取民间的剪纸元素,将动植物以及带有喜庆色彩的汉字重构在同一画面当中,体现一片生机勃勃的繁华景象。矗立于西餐厅入口的钢板雕塑,造型提取于传统的民间图纹及民间剪纸,将大自然中水、陆、空各个领域的动植物丰富其间,用艺术的手法处理及升华,简练考究的造型与重构的艺术美感相融。。

D 设计选材 Materials & Cost Effectiveness
"龙""凤"自古以来都是华夏民族儿女的崇拜神灵,有着吉祥、如意的美好寓意。在此背景的烘托下,将这一对神兽与祥云、卷草纹结合起来,画面生动、层次丰富的构成给人感官上的冲击及震撼,与柱体底端平面化的图纹造型形成层次的对比、又体现形式的统一。用原始的铸铜手法处理来权衡这一大气蓬勃的铜雕佳作,令整个大堂凭生一种无与伦比的艺术之美。以传统的民间图纹及民间剪纸作为设计创作的灵感来源,将民俗中喜庆、美好的事物巧妙地融合其中,取其形喻新意,用镂空、组合的展示形式,愉悦人们的眼球,达到另一种精神层面上的享受。

E 使用效果 Fidelity to Client
业主满意。

Project Name_
Jiaxing Moon River Hotel
Chief Designer_
Chen Xiangjing
Participate Designer_
Zeng Zhijun
Location_
Jiaxing Zhejiang
Project Area_
27924sqm
Cost_
30,000,000RMB

项目名称_
嘉兴月河客栈
主案设计_
陈向京
参与设计师_
曾芷君
项目地点_
浙江 嘉兴
项目面积_
27924平方米
投资金额_
3000万元

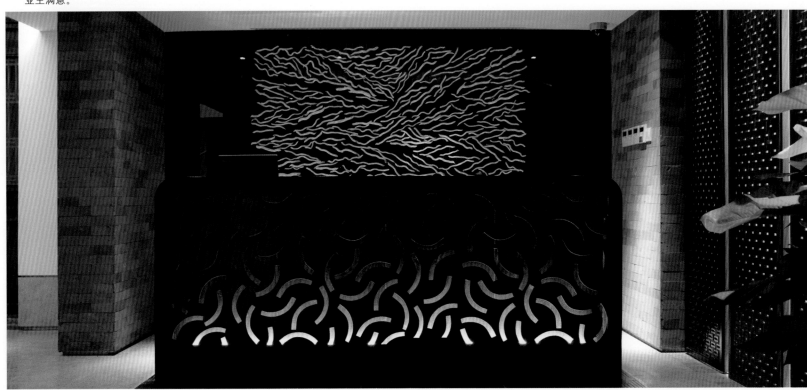

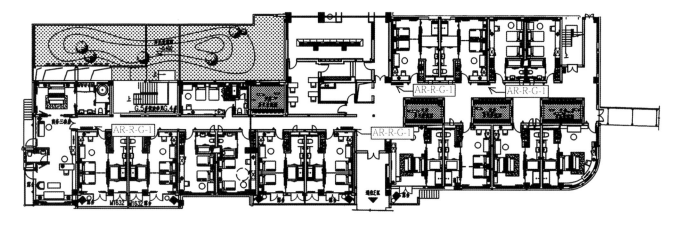

平面布置图

主案设计:
洪忠轩 Hong Zhongxuan
博客:
http://199163.china-designer.com
公司:
HHD假日东方国际•酒店设计机构
职位:
董事长、设计总监

职称:
世界酒店领袖中国会评为"世界酒店•2008
中国杰出酒店设计师"
获"IC@ward金指环全球室内设计大奖赛-
酒店类金奖"
在香港获"第16届APIDA亚太区室内设计大
奖"金奖;获"亚太区杰出设计奖",获酒店
空间设计亚太金奖(冠军)

2003年至今中国"CIID最佳室内设计师奖"
唯一获得者
连续三年获中国国际饭店业博览会"最佳饭
店设计师"
项目:
凯宾斯基
马哥孛罗
假日、锦江等酒店

重庆野生动物世界两江假日酒店
Chongqing Wildlife World Liangjiang Holiday Hotel

A 项目定位 Design Proposition

酒店的文化设计灵魂形象 ——"归巢",是强调回归自然与天然之美。以栩栩如生的动物造型,丰富多彩的动物纹理为设计元素,展现动物野性之美和自然界的奇幻之美。

B 环境风格 Creativity & Aesthetics

设计格调上,特别注重酒店主题的互动性。

C 空间布局 Space Planning

让整个酒店空间富有人文色彩,呈现酒店独有的互动情趣。

D 设计选材 Materials & Cost Effectiveness

装饰手法上,则以简约华丽的风格为主线,大胆的色彩搭配运用使酒店风格与众不同;家具,陈设艺术品上,更是利用夸张的造型和丰富变幻的对比色提升空间的层次感。让整个酒店空间富有人文色彩,呈现酒店独有的互动情趣。

E 使用效果 Fidelity to Client

以"和谐"为设计的主旨,旨在探索人、动物与自然和谐相处的原理。

Project Name_
Chongqing Wildlife World Liangjiang Holiday Hotel
Chief Designer_
Hong Zhongxuan
Location_
Dadukou District Chongqing
Project Area_
17000sqm
Cost_
80,000,000RMB

项目名称_
重庆野生动物世界两江假日酒店
主案设计_
洪忠轩
项目地点_
重庆 大渡口
项目面积_
17000平方米
投资金额_
8000万元

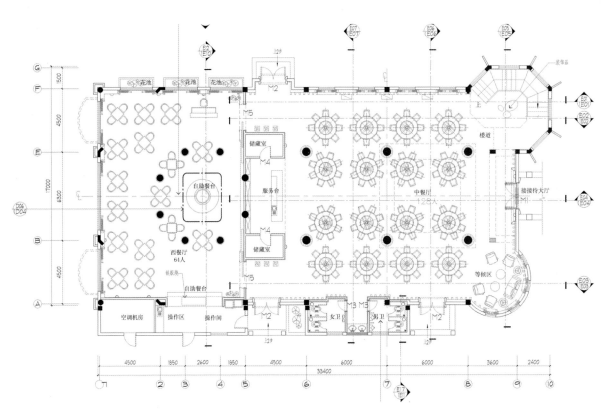

餐厅一层平面布置图

主案设计:
洪忠轩 Hong Zhongxuan
博客:
http://199163.china-designer.com
公司:
HHD假日东方国际·酒店设计机构
职位:
董事长、设计总监

职称:
世界酒店领袖中国会评为"世界酒店·2008中国杰出酒店设计师"
获"IC@ward金指环全球室内设计大奖赛-酒店类金奖"
在香港获"第16届APIDA亚太区室内设计大奖"金奖、获"亚太区杰出设计奖"、获酒店空间设计亚太金奖(冠军)

2003年至今中国"CIID最佳室内设计师奖"唯一获得者
连续三年获中国国际饭店业博览会"最佳饭店设计师"
项目:
凯宾斯基
马哥孛罗
假日、锦江等酒店

张家界阳光酒店
Zhangjiajie Sunshine Hotel

A 项目定位 Design Proposition
张家界阳光酒店是按国家白金五星级标准投资兴建的一家豪华商务兼旅游度假型酒店。

B 环境风格 Creativity & Aesthetics
酒店本身由三栋互相连通又相对独立的特色建筑构成，室内设计则由设计师充分利用当地民间的苗族与土家族服饰的装束、纹样风格以及器乐文化的元素，来体现当地独有的文化特色。

C 空间布局 Space Planning
将设计元素细小的精湛文化放大为酒店的精髓思想，大到整体空间，小至陈设配件，重新深入地诠释了风景秀丽的张家界，成为此地必去的多实用型白金五星驿站。

D 设计选材 Materials & Cost Effectiveness
酒店的设计难度上则是在设计师承接此酒店项目前，有部分通道已铺设完石材，宴会厅天花也已完成造型吊装。

E 使用效果 Fidelity to Client
深受业主和顾客的喜爱。

Project Name_
Zhangjiajie Sunshine Hotel
Chief Designer_
Hong Zhongxuan
Participate Designer_
Huang Xudong
Location_
Zhangjiajie Hunan
Project Area_
75000sqm
Cost_
1500,000,000RMB

项目名称_
张家界阳光酒店
主案设计_
洪忠轩
参与设计师_
黄旭东
项目地点_
湖南 张家界
项目面积_
75000平方米
投资金额_
15亿元

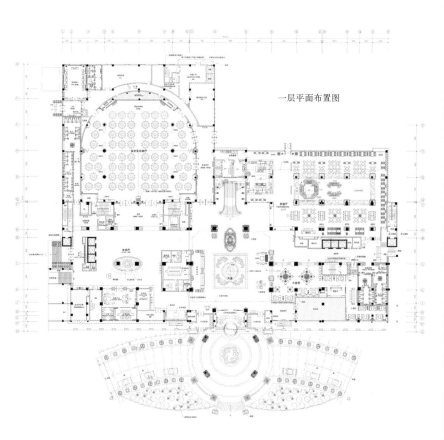

一层平面布置图

主案设计：
琚宾 Ju Bin
博客：
http://481336.china-designer.com
公司：
HSD水平线空间设计有限公司
职位：
首席创意总监

职称：
高级室内设计师
项目：
城南逸家天穹会
三亚香水湾一号
凤凰岛国际度假养生中心

招商地产美伦酒店

China Merchants Property Development Co., Ltd. MacMillan Hotel

A 项目定位 Design Proposition

酒店远远呼应着周边的建筑群落，显得既考究又不突兀。由水平线的琚宾主笔的室内设计，延续了酒店外观的考究建筑感。

B 环境风格 Creativity & Aesthetics

酒店大堂天花的造型，保持了建筑外立面形体的一致性，蜿蜒而折回，柔软而硬朗，似无序而协调。木状的铝质材料，在突显整个空间的厚重感和品质感的同时，保持了轻松感和舒适感。体现出了商务与度假的主题。

C 空间布局 Space Planning

客房空间的风格与酒店大堂相呼应。很值得一住。比较有特点的是吴冠中水墨画为内容的地毯，让整个空间浸入诗意的氛围，清雅而不造作。

D 设计选材 Materials & Cost Effectiveness

大厅墙壁上的木质漆艺装置是仿制的艺术家苏笑柏先生的大作，红漆，斑驳，老旧，浓烈。悬挂着的覆漆瓦片，无序，大气，同样也是中国味的装置艺术的体现。蛇口的阳光洒入，在两件作品之上和之下投下更加斑驳的影子。

E 使用效果 Fidelity to Client

别人说好的酒店要"宾至如归"，那只是说舒适性的。商务、度假酒店的要求则更高，是要既满足舒适性又要求实现体验性，同时又要兼顾品质。可以不夸张地说，这一切，美伦酒店借着设计师的妙手，都实现了。

Project Name_
China Merchants Property Development Co., Ltd. MacMillan Hotel
Chief Designer_
Ju Bin
Location_
Shenzhen Guangdong
Project Area_
2500sqm
Cost_
10,000,000RMB

项目名称_
招商地产美伦酒店
主案设计_
琚宾
项目地点_
广东 深圳
项目面积_
2500平方米
投资金额_
1000万元

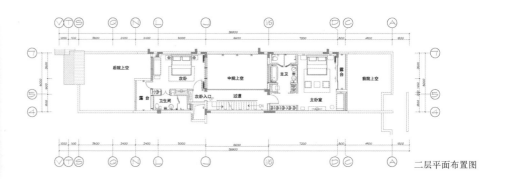

二层平面布置图

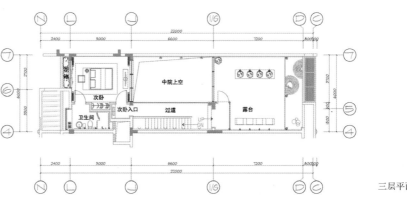

三层平面布置图

主案设计：
姜湘岳 Jiang Xiangyue
博客：
http://483719.china-designer.com
公司：
江苏省海岳酒店设计顾问有限公司
职位：
设计总监

奖项：
2005中国国际饭店业博览会——"2005中国优秀酒店设计师"
"2006金外滩奖"——最佳酒店设计奖；
"雷士杯设计师大奖赛江苏赛区"——一等奖
2006中国饭店业设计装饰大赛——"十佳酒店室内设计师"
"2006亚太室内设计双年大奖赛"——酒店

类别荣誉奖品——商业空间工程类三等奖
项目：
宁波泛太平洋大酒店   杭州开元名都大酒店
宜兴希尔顿酒店   浙江大酒店
福建铂尔曼酒店
日照岚山豪生酒店
常州美高梅酒店
苏州华美达广场酒店

浙江大酒店
Zhejiang Grand Hotel

A 项目定位 Design Proposition
一层接待大厅的设计想法引入了官窑和戏曲，区别与表面奢华的表现式酒店，此次设计希望传递出一种戏剧式的体验式精品酒店的概念。

B 环境风格 Creativity & Aesthetics
行至25层酒店大堂，幕布才真正豁然开朗，官窑和戏剧继续上演，墙面上整组的梅花呼应着一层的接待大厅，客人仿佛身临于国画中一般，加之外面风光无限的西湖美景，梦境与现实都不胜美好。

C 空间布局 Space Planning
原始空间有两根体积庞大的柱子，阻挡了视线，然而通过对柱面的处理，这两根柱子俨然成为一个中国戏曲文化展示的舞台。

D 设计选材 Materials & Cost Effectiveness
大堂吧以龙井茶歌为名，如绿茶般清新的灯具呼应吧名，加之绿色的地毯，围绕西湖龙井设计出的木饰、布料、靠垫、躺椅、凳子等，让人仿佛走进阳光照射的自然茶园。

E 使用效果 Fidelity to Client
主卧室所有的功能区都面对窗户，不放过任何一处自然风光，房间里着色纯净，很深的木和白色的石相组合，令客人一下子放松下来。

Project Name_
Zhejiang Grand Hotel
Chief Designer_
Jiang Xiangyue
Participate Designer_
Wang Bao , Lu Chunli , Xu Yunchun
Location_
Zhejiang Hangzhou
Project Area_
15500sqm
Cost_
10,000,000RMB

项目名称_
浙江大酒店
主案设计_
姜湘岳
参与设计师_
王宝、陆春丽、徐云春
项目地点_
浙江 杭州
项目面积_
15500平方米
投资金额_
1000万元

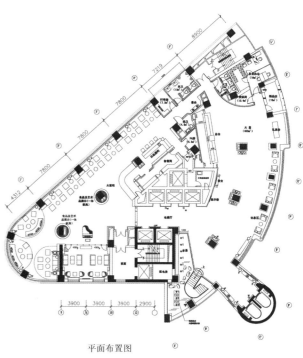

平面布置图

主案设计：
屈彦波 Qu Yanbo
博客：
http:// 490300.china-designer.com
公司：
吉林省点石装饰设计有限公司
职位：
总经理

职称：
中国建筑学会室内设计分会建筑师
中国建筑学会室内设计分会第十三专业委员
会副主任
吉林省装协专家与设计委员会副主任
全国杰出中青年室内建筑设计师

奖项：
2002年获得"史丹利杯"中国室风设计大赛佳作奖；
2003年屈彦波先生的作品家居工程项目在"华耐杯"中
国室内设计大奖赛被评审为优秀奖
2006年获得国际商业美术设计 师室内设计专业A级资质
2006年 屈彦波获得中国饭店业设计装饰大赛 "十佳餐馆
室内设计师"奖

长春东方假日酒店
Changchun Orient Holiday Hotel

A 项目定位 Design Proposition
定位为长春市做最好的洗浴，选择社会高消费人群。

B 环境风格 Creativity & Aesthetics
传统与奢华并存，厚重与轻盈辉映。

C 空间布局 Space Planning
在功能合理的前提下移步换景。

D 设计选材 Materials & Cost Effectiveness
选用150毫米大理石透雕，彰显品质与奢华。

E 使用效果 Fidelity to Client
投入运营后，得到了长春及周边高消费人群的青睐与好评，成为成功人士休闲的第一选择。

Project Name_
Changchun Orient Holiday Hotel
Chief Designer_
Qu Yanbo
Participate Designer_
Zhang Chen , Zhou Yingying , Guo Chunlai
Location_
Changchun Jilin
Project Area_
16500sqm
Cost_
14,000,000RMB

项目名称_
长春东方假日酒店
主案设计_
屈彦波
参与设计师_
张晨、周莹莹、郭春来
项目地点_
吉林 长春
项目面积_
16500平方米
投资金额_
1400万元

主案设计：
谢绍贤 Xie Shaoxian
博客：
http://491717 .china-designer.com
公司：
腾飞（香港）空间设计
职位：
董事总监

资质：
英国皇家特许设计师会员

项目：
香格里拉饭店
福朋喜来登饭店公寓
洲际饭店
锦江亚洲饭店
戴斯商务饭店
香格里拉国贸饭店

龙湾戴斯商务酒店
Longwan Days Hotel

A 项目定位 Design Proposition
明媚的阳光，照在绿树掩映的六层饭店；有介于商务饭店与休闲旅馆的设计。

B 环境风格 Creativity & Aesthetics
偌大的大堂保留其清爽而宽敞的气度；进而递入的咖啡厅与宴会厅亦是简洁而典雅。

C 空间布局 Space Planning
尤其上层相连的多功能厅在二层，沿梯而上，自成一隅，安静又实用。

D 设计选材 Materials & Cost Effectiveness
客房则是轻松的木色，功能结合的家具，一体而成。

E 使用效果 Fidelity to Client
远见山水绿植，是结合商务饭店与休闲旅馆的设计。

Project Name_
Longwan Days Hotel
Chief Designer_
Xie Shaoxian
Participate Designer_
Wang Junhui , Lu Meng , Cao Shanna ,
Zhang Hao , Chen Xinyu
Location_
Shunyi District Beijing
Project Area_
16000sqm
Cost_
80,000,000RMB

项目名称_
龙湾戴斯商务酒店
主案设计_
谢绍贤
参与设计师_
王君慧、陆萌、曹珊娜、张昊、陈薪宇
项目地点_
顺义 北京
项目面积_
16000平方米
投资金额_
8000万元

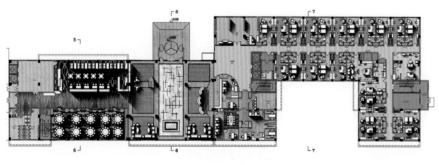

一层平面布置图

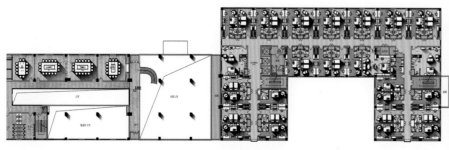

二层平面布置图

主案设计:
徐婕媛 Xu Jieyuan
博客:
http://491729.china-designer.com
公司:
广州集美组室内设计工程有限公司
职位:
高级设计师

职称:
广州集美组室内设计工程有限公司高级设计师
中国建筑学会室内设计分会会员
广东省工商联室内设计师工会会员

项目:
2004年珠海宝胜园酒楼
2005年东莞御景湾改造项目
2006年广东胜利宾馆
2007年广州长隆酒店二期扩建工程
2008年香江野生动物世界水上餐厅改造

安徽九华山平天明珠一期
Anhui Jiuhua Mountain Pingtian Mingzhu

A 项目定位 Design Proposition
以徽文化为底蕴，通过现代手法，融合赏莲、云海、千灯、清泉、菩提等主题。

B 环境风格 Creativity & Aesthetics
现代。

C 空间布局 Space Planning
借助传统砖雕、木雕、莲花座等徽文化元素，演绎佛教文化与酒店文化的完美结合点，使其容身于九华山佛文化圣地而不失时代的韵律。

D 设计选材 Materials & Cost Effectiveness
铜、黄洞石、柚木。

E 使用效果 Fidelity to Client
业主满意。

Project Name_
Anhui Jiuhua Mountain Pingtian Mingzhu
Chief Designer_
Xu Jieyuan
Participate Designer_
Qu Yang , Xie Yunquan , Zha Shuangshuang ,
Chen Zhihe
Location_
Hefei Anhui
Project Area_
32000sqm
Cost_
35,000,000RMB

项目名称_
安徽九华山平天明珠一期
主案设计_
徐婕媛
参与设计师_
区扬、谢云权、查爽爽、陈志和
项目地点_
安徽 合肥
项目面积_
32000平方米
投资金额_
3500万元

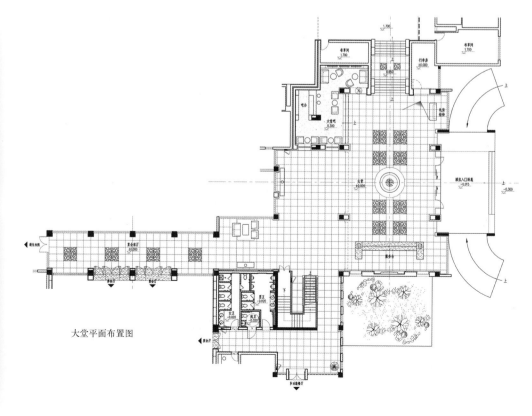

大堂平面布置图

主案设计：
曾莹 Zeng Ying
博客：
http://491738.china-designer.com
公司：
广州集美组室内设计工程有限公司
职位：
高级设计师

职称：
IDA国际设计师协会会员
中国建筑学会室内设计分会会员
项目：
2002年东莞世纪城会所、杭州华庭云顶会所
2003年河北教育出版社万象楼、集美组家
居、杭州云栖酒店、二沙岛集美组办公楼
2004年新会玉湖御景酒店、河北教育出版社

2005年保利大厦、杭州良渚国际度假酒店、山东
威海海悦酒店
2006年曼谷中国会、上海金隆大厦酒店
2007年杭州九树公寓及会所、东莞钻石半岛酒店

海南卡森博鳌亚洲湾
Hainan Carson Boao Asia Bay

A 项目定位 Design Proposition
三江合流，三岛相望，三岭环绕，恍然身临仙境。一海一河，一咸一淡，一动一静，天海相连之地。水泛
银波，岛洒白屋，渔歌起落，构成一幅海边悠闲雅致的景观。

B 环境风格 Creativity & Aesthetics
中式风格中注入现代元素。

C 空间布局 Space Planning
行走于蓝天、碧海、岸上星点白屋之间，总让人心情开朗、闲逸清爽。在室内设计中，我们希望保留原建
筑所强调出来的纯净空间之美，注重留白，关注细节，推敲寻找其中的韵味与精辟，用现代手法进行演
绎，营造充满亚洲风情的空间氛围。

D 设计选材 Materials & Cost Effectiveness
多用实木，土陶马赛克等天然材料。

E 使用效果 Fidelity to Client
居住舒适。

Project Name_
Hainan Carson Boao Asia Bay
Chief Designer_
Zeng Ying
Participate Designer_
Xiao Zhengheng , Zhang Yuxiu , Ye Bowen
Location_
Qionghai Hainan
Project Area_
1500sqm
Cost_
400,000 RMB

项目名称_
海南卡森博鳌亚洲湾
主案设计_
曾莹
参与设计师_
肖正恒、张宇秀、叶博文
项目地点_
海南 琼海
项目面积_
1500平方米
投资金额_
40万元

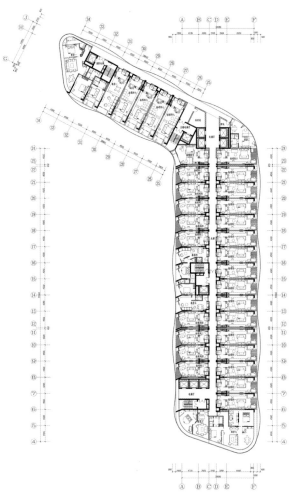

标准层平面布置图

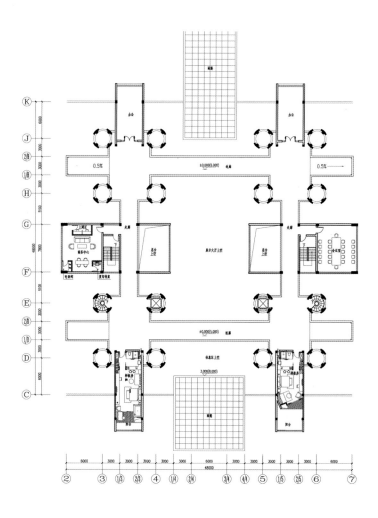

夹层平面布置图

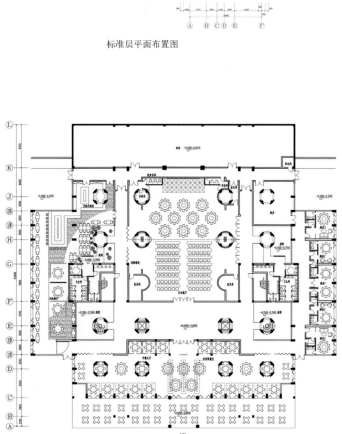

一层餐厅平面布置图

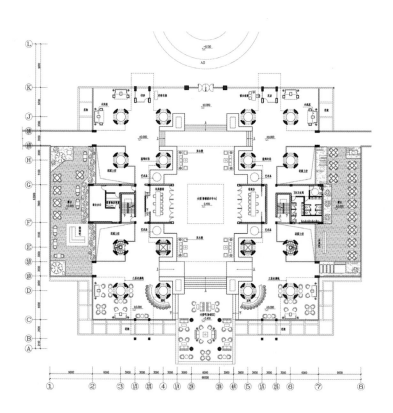

二层大堂平面布置图

主案设计：
梁晨 Liang Chen
博客：
http://492940.china-designer.com
公司：
北京艺诚筑景艺术设计有限责任公司
职位：
艺术设计总监

奖项：
2010.12当选为中国室内装饰协会设计专业委员会委员
2010.12主持设计的北京航空航天大学学生活动中心室内设计获中国室内设计双年展优秀奖
2010.12主持设计的北京平安府饭店室内设计获中国室内设计双年展铜奖

项目：
元亨集团加拿大温哥华办公空间
霸州玫瑰庄园酒店
北京平安府饭店
北京航空航天大学培训中心2008《奥运签约酒店》
元亨集团办公室

玫瑰庄园温泉度假酒店
Rose Hall Resort & Spa Hotel

A 项目定位 Design Proposition
酒店突出形式与功能完美统一特点。

B 环境风格 Creativity & Aesthetics
在设计中我们将简约现代风格与中式室内设计有机结合，创造出一种容感性与理性、现代与传统、简约与时尚风格的酒店。

C 空间布局 Space Planning
以住宿、会议、娱乐酒店为一体。

D 设计选材 Materials & Cost Effectiveness
迎宾馆、会议中心、温泉会馆及温泉别墅。

E 使用效果 Fidelity to Client
在经过不懈的努力后形成了独特的酒店风格。

Project Name_
Rose Hall Resort & Spa Hotel
Chief Designer_
Liang Chen
Participate Designer_
Li Yongcheng
Location_
Langfang Hebei
Project Area_
8000sqm
Cost_
10,000,000 RMB

项目名称_
玫瑰庄园温泉度假酒店
主案设计_
梁晨
参与设计师_
李永成
项目地点_
河北 廊坊
项目面积_
8000平方米
投资金额_
1000万元

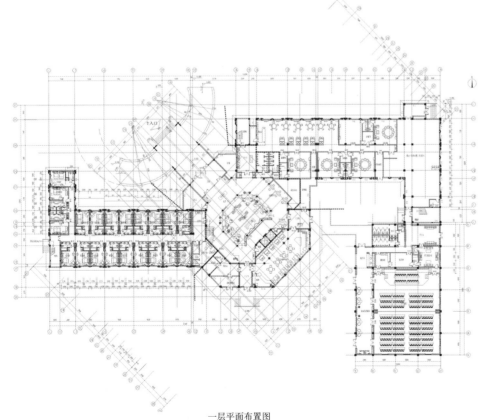

一层平面布置图

主案设计：
盖永成 Gai Yongcheng
博客：
http:// 493528.china-designer.com
公司：
大连外国语学院 国际艺术学院
职位：
环境艺术专业主任教授

项目：
2002年主持设计辽宁国际会议中心A、D区
2002年主持设计沈阳桃仙机场贵宾区
2002年主持北京实德商务酒店
2003年主持设计大连华裕国际酒店
2004年主持设计吉林皇家花园国际大酒店
2005年主持设计大连棒棰岛国际酒店3标段
2005年主持设计大连山海名人会馆

2007年主持设计大连外国语学院 重点部分室内装饰设计
2007年主持设计延吉二道咨询宾馆
2007年主持设计延吉二道夏宫大酒店
2007年主持设计大连罗斯福——天兴国际中心
2007年主持设计大连显铭酒店泰式餐厅
2009年主持设计大连团山花园度假酒店
2010年主持设计大连ICC集电大厦

大连团山花园度假酒店
Dalian Tuanshan Garden Resort Hotel

A 项目定位 Design Proposition
团山花园度假酒店位于大连市旅顺北路大黑石地区，总建筑面积一期项目3万平方米，二期4万平方米。设计理念以崇尚自然，回归自然为主题。

B 环境风格 Creativity & Aesthetics
崇尚自然的设计手法、运用天然材料的圆木，木纹石等等，来打造一个充满自然情趣，具有东南亚的度假景观酒店。

C 空间布局 Space Planning
设计特点以精雕细刻，镂空雕花的木格栅墙贯穿整个空间。

D 设计选材 Materials & Cost Effectiveness
主材选择运用再生材料，注重环保。在设计细节上，藤料作为设计机理的主要面层的处理方式，在细碎的藤制纹路里慢慢流淌出的浪漫情怀。泰丝的流光溢彩、细腻柔滑、不着痕迹的贵族气息，在室内随意放置后的点缀作用，陈设柔曼婉约的菩提树与吉祥鸟，芭蕉叶烛台等等，有珠片、贝壳等镶嵌手工装饰。

E 使用效果 Fidelity to Client
给人带来舒适与回归大自然的美好享受。

Project Name_
Dalian Tuanshan Garden Resort Hotel
Chief Designer_
Gai Yongcheng
Participate Designer_
Tong Zhiqiang , Zhang Shuo
Location_
Dalian Liaoning
Project Area_
30000sqm
Cost_
30,000,000RMB

项目名称_
大连团山花园度假酒店
主案设计_
盖永成
参与设计师_
佟志强、张硕
项目地点_
辽宁 大连
项目面积_
30000平方米
投资金额_
3000万元

主案设计：
曾麒麟 Zeng Qilin
博客：
http://803985.china-designer.com
公司：
北京筑邦建筑装饰工程有限公司成都分公司
职称：
中国建筑装饰协会设计委委员

2009-2010年中国杰出青年室内建筑师
奖项：
2011年"INTERIORDESIGN China酒店设计奖"
荣获"酒店最佳概念设计奖"
项目：
苍溪国际大酒店
绿洲大酒店西餐厅
川菜博物馆

海辉软件公司
竹海山庄
盟宝工业园

苍溪国际大酒店
Cangxi International Hotel

A 项目定位 Design Proposition

酒店作为当地第一家高星级酒店，是当地大型会议，婚寿宴的首选场所。

B 环境风格 Creativity & Aesthetics

酒店位于四川苍溪县，杜甫，陆游曾在此留下多处墨宝，设计风格为中式主题酒店。

C 空间布局 Space Planning

SPA和卡拉OK对外招租设单独出入口。一层设会议中心，方便人员疏散和管理。大堂如庙宇大殿，从地面上15级台阶气势恢宏。大堂吧为中式四合院天井格局，水景居中，天花挂鸟笼灯，展示鸟语花香的气氛。

D 设计选材 Materials & Cost Effectiveness

大厅以祥云刻花图案的铜柱装饰，大堂吧以嘉陵江畔的苍溪18景和1800年的历史典故的两组大型木雕为主要装饰品。未使用繁复造型和昂贵的石材，力求营造清新隽永，富有文化气息的空间效果。

E 使用效果 Fidelity to Client

酒店为方圆50千米内效益最好酒店。

Project Name_
Cangxi International Hotel
Chief Designer_
Zeng Qilin
Location_
Guangyuan Sichuan
Project Area_
21000sqm
Cost_
100,000,000RMB

项目名称_
苍溪国际大酒店
主案设计_
曾麒麟
项目地点_
四川 广元
项目面积_
21000平方米
投资金额_
1亿元

一层平面布置图

二层平面布置图

主案设计：
严建中 Yan Jianzhong
博客：
http:// 806210.china-designer.com
公司：
杭州中装美艺教育机构
职位：
总经理

职称：
第六届中国国际设计艺术博览会资深设计师
中国电力出版社装修丛书文案顾问
中国易经研究会高级会员
项目：
绿城九溪玫瑰园会所
绍兴爵士岛西餐厅
四眼井茶香丽舍民宿

承德皇家金龙售楼处
台州豪华私人会所
宁波丽晶娱乐会所
千岛玉叶形象展厅
玉皇山防空洞改造酒窖项目
杭州大厦
银泰
杭州百大

杭州四眼井茶香丽舍青年旅社
Hangzhou Siyanjing Chaxianglishe Youth Hostel

A 项目定位 Design Proposition
本案是由三幢普通的茶农民居改造而成。业主希望打造成一个拥有20个风格迥异套房的特色旅舍。入住的客户可以通过菜单方式选择自己中意的套房。室内装修也是按照家庭模式设计的。

B 环境风格 Creativity & Aesthetics
风格的改变主要通过外立面的微调和外部挑台及花园改建而达成，整体外部风格是西班牙小镇风格。而套内的每个房间是风格迥异的，从中式到欧式，再到东南亚、地中海日式、韩式、简约、浪漫。几乎包含了时下最最流行的装修风格。

C 空间布局 Space Planning
从空间布局上，本案完全打破人们对酒店、旅社的常规看法，不再是标准间的格局，而绝大多数的房间都是套房式的，基本上都是由客厅、主卧、卫生间及书房构成。

D 设计选材 Materials & Cost Effectiveness
本案的三楼由于是阁楼性质，层高和隔热都是需要特殊处理的要点，顶面材料选择了环保墙衣施工，在美观同时，环保墙衣可以很好地处理因为采用异型吊顶容易开裂的问题。

E 使用效果 Fidelity to Client
整个设计得到了业主和入住客户的高度评价，很多客户入住后会在博客上宣传，本案在网络的知名度也非常之高。

Project Name_
Hangzhou Siyanjing Chaxianglishe Youth Hostel
Chief Designer_
Yan Jianzhong
Location_
Hangzhou Zhejiang
Project Area_
1500sqm
Cost_
3,000,000RMB

项目名称_
杭州四眼井茶香丽舍青年旅社
主案设计_
严建中
项目地点_
浙江 杭州
项目面积_
1500平方米
投资金额_
300万元

主案设计：
吕靖 Lv Jing
博客：
http:// 813153.china-designer.com
公司：
杭州易和室内设计有限公司
职位：
主案设计师

项目：
绿城宁波研发园
杭州天元大厦
台州蒲公英酒店

蒲公英酒店
Dandelion Hotel

A 项目定位 Design Proposition

酒店地处娱乐一条街，酒店消费群体定位于热衷夜生活的年轻时尚人群，加上当地酒店整体消费人群还是以本地年轻人为主，时尚，个性，享受多种住宿睡眠体验，成了本案的出发点，多房型，多风格，尽量延长入住客人的新鲜感。

B 环境风格 Creativity & Aesthetics

每个楼层都是不同的氛围，同一楼层每个房间都是不同的内容，让人有更多的新奇感。

C 空间布局 Space Planning

大堂很小，充分利用原建筑的商业价值，由于本来就是沿街农民房改造，房间大小各异，层高也不完全相同，最后平面房间的多样性，成就后期房间装饰手法的多样性。

D 设计选材 Materials & Cost Effectiveness

采用国产性价比高的卫浴产品，灯光设计上采用比较多的投影灯营造氛围。

E 使用效果 Fidelity to Client

酒店开业营业到现在，客房天天爆满，酒店运营部统计开房率达到120%。

Project Name_
Dandelion Hotel
Chief Designer_
Lv Jing
Participate Designer_
Lin Hai , Hou Xingshan
Location_
Taizhou Zhejiang
Project Area_
2000sqm
Cost_
4,000,000RMB

项目名称_
蒲公英酒店
主案设计_
吕靖
参与设计师_
林海，侯兴善
项目地点_
浙江 台州
项目面积_
2000平方米
投资金额_
400万元

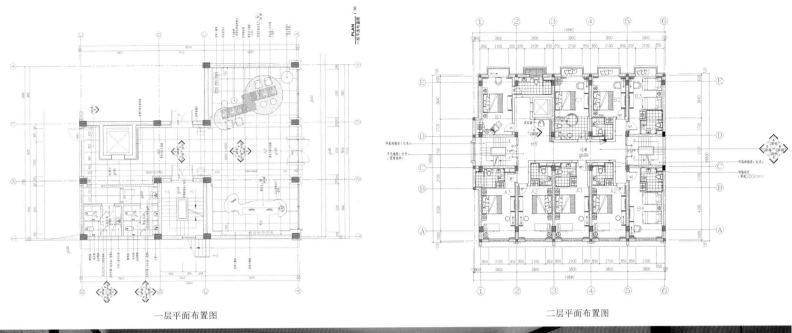

一层平面布置图   二层平面布置图

主案设计：
梁小雄 Liang Xiaoxiong
博客：
http://814489.china-designer.com
公司：
香港维捷设计有限公司
职位：
设计总监

项目：
2002年深圳丹枫白露酒店
2007年上海兴荣豪庭酒店
2007-2008年上海佘山索菲特酒店
2007年澳门凯旋门酒店
2007-2008年天津莱佛士酒店
2008年东莞黄河索菲特酒店
2008年东莞希尔顿酒店

2008年惠州富力万丽酒店
2009年上海中亚美爵酒店

上海中亚美爵酒店
Shanghai Zhongya Meijue Hotel

A 项目定位 Design Proposition
上海中亚美爵酒店位于城市中心，处于嘉里不夜城商业区的核心位置，毗邻上海火车站。酒店内设有豪华精致客房及主体套房，设计别具一格，完美揉合了现代时尚的独特韵味，为宾客提供清新优雅的环境和24小时的个性化贴心管家式服务。

B 环境风格 Creativity & Aesthetics
酒店设计风格时尚典雅，以法国式的高雅和品味为准则，坚持华贵、优质的设计路线，揉和了上海小资情调和历史感。

C 空间布局 Space Planning
20年前的中亚酒店翻新后，客房和酒店公共区都得到了扩展，有限的空间经过精心的设计获得了新生。

D 设计选材 Materials & Cost Effectiveness
注重材料的质感，合理运用材料以达到高层次的设计效果。

E 使用效果 Fidelity to Client
作为法国雅高酒店管理公司美爵酒店旗舰店，在2010年《Best Life·香格里拉》杂志酒店评选中授予"2010年最舒适卧室"奖。

Project Name_
Shanghai Zhongya Meijue Hotel
Chief Designer_
Liang Xiaoxiong
Location_
Zhabei District Shanghai
Project Area_
28000sqm
Cost_
110,000,000RMB

项目名称_
上海中亚美爵酒店
主案设计_
梁小雄
项目地点_
上海 闸北
项目面积_
28000平方米
投资金额_
1.1亿元

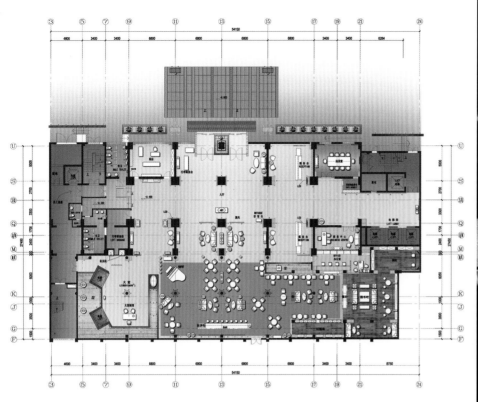

一层平面布置图

主案设计：
韦建 Wei Jian
博客：
http://815770.china-designer.com
公司：
观止廊室内设计有限公司
职位：
设计总监

奖项：
2007中国室内最具创意奖
2008亚太室内设计双年奖 最佳办公空间奖
2008广州金羊奖中国十大室内设计师奖
2009亚太中国风样板间奖
2009中国室内设计西南区域办公空间银奖
2009中国室内设计西南区域住宅样板间铜奖
2009广州设计周金羊奖

项目：
观止廊室内设计有限公司办公空间
柳州兆安别墅样板间
蟠龙宝邸售楼部
威尼士休闲会所
创酷城市艺术酒店
南宁黄金商务大酒店
桂林山水凤凰城商业街

观止廊艺术酒店
Guanzhilang Art Hotel

A 项目定位 Design Proposition
设计公司通过多年的酒店设计及与酒店业打交道的丰富经验，在这个山水闻名于世的地方，在这个世界的西街上，打造了以旅行居住艺术为主题的精品酒店，它就是"观止廊艺术酒店"。

B 环境风格 Creativity & Aesthetics
整个酒店面积约1300平方米左右，其中包括37间风格各异、独特、怀旧、品味的尊贵客房，休闲餐吧，露天茶吧。

C 空间布局 Space Planning
这是一个典型的小型个性化风格酒店，许多空间中采用了大量的帷幔作为天花装饰，增加了酒店空间的温馨和动感。花费不大的色块运用和对比，加上国外艺术大师的灯饰作品，现代油画家的先锋作品搭配，形成了强烈的混搭味道和独特的视觉冲击。

D 设计选材 Materials & Cost Effectiveness
过廊墙壁上的手绘，写意舒畅，是设计的可持续话题。洗手间的台面及墙面多采用本土石山上开采的石块，与星级酒店奢华的大理石比较，造价低廉而效果却有过之而不及，整个酒店不使用一盏筒灯和一块瓷砖，充分做到节能，低碳，环保的概念。

E 使用效果 Fidelity to Client
酒店除了精心的室内设计，典雅的美术及摄影作品外，还有同样完美的服务和精致的美食，让每一个光临的客人除了感受到独特的视觉温馨，还会浸入一种深深的文化气氛中，让旅途不再疲累。

Project Name_
Guanzhilang Art Hotel
Chief Designer_
Wei Jian
Location_
Guilin Guangxi
Project Area_
1000sqm
Cost_
1,100,000RMB

项目名称_
观止廊艺术酒店
主案设计_
韦建
项目地点_
广西 桂林
项目面积_
1000平方米
投资金额_
110万元

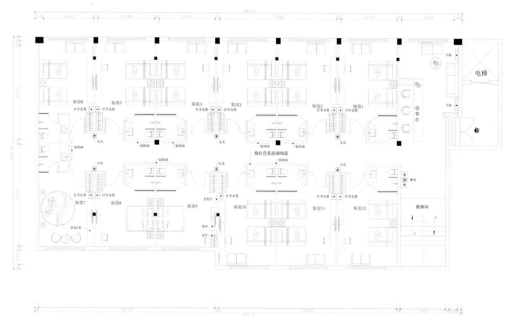

三层平面布置图

主案设计:
孙彦清 Sun Yanqing
博客:
http:// 818934.china-designer.com
公司:
金螳螂建筑装饰股份有限公司第七设计研究院
职位:
主案设计师

南京御豪汤山温泉国际酒店
Nanjing Yuhao Tangshan Spa International Hotel

A 项目定位 Design Proposition
御豪汤山温泉国际酒店是度假、会议型酒店，与周边酒店错位经营。

B 环境风格 Creativity & Aesthetics
民国风格加中式风格，与现代的设计手法相结合，进一步创新。

C 空间布局 Space Planning
有合理的布局来满足五星级评定标准。

D 设计选材 Materials & Cost Effectiveness
精选优质，实惠材料。

E 使用效果 Fidelity to Client
酒店开业后酒店开始盈利，远远超出先期的财务计划，促使集团对酒店投资做出的新规划。

Project Name_
Nanjing Yuhao Tangshan Spa International Hotel
Chief Designer_
Sun Yanqing
Participate Designer_
Hu Kun , Xiao Ying , Mao Bangkai
Location_
Nanjing Jiangsu
Project Area_
21000sqm
Cost_
65,000,000RMB

项目名称_
南京御豪汤山温泉国际酒店
主案设计_
孙彦清
参与设计师_
胡坤、肖莹、毛邦凯
项目地点_
江苏 南京
项目面积_
21000平方米
投资金额_
6500万元

主案设计：
郑仕樑 Zheng Shiliang
博客：
http:// 819376.china-designer.com
公司：
IVAN C. DESIGN L.T.D
职位：
设计总监

项目：
杭州千岛湖滨江希尔顿度假酒店
杭州普天别墅样板间
杭州金都样板间、会所
杭州西溪望庄样板间
杭州滨盛湘湖-别墅样板间、会所、联排
香港国际机场航天城万豪酒店
中国上海东郊宾馆

中国上海淳大万丽酒店
中国上海Radisson兴国宾馆
中国张杨滨江财富海景花园会所、公寓大堂及样板间
中国上海东锦江索菲特大酒店(X46旋转餐厅)

杭州千岛湖滨江希尔顿度假酒店
Hangzhou Qiandao Lake Hilton Hotel

A 项目定位 Design Proposition
酒店位于"天下第一秀水"美誉的千岛湖湖畔，依山面湖，是千岛湖拥有最长湖岸线的国际酒店。

B 环境风格 Creativity & Aesthetics
酒店总设计面积约5.6万平方米，由七座楼宇相连而成，错落有致，拥有349间客房及套房，通过私人阳台远眺烟波浩渺，近看碧水环绕。

C 空间布局 Space Planning
杭州千岛湖滨江希尔顿度假酒店犹如一篇华美诗篇，以"水"起意，设计中不时蕴含"水"的概念，各区域或浓或淡的水纹图样，时而微波荡漾，时而涟漪浮动，时而波澜起伏，柔和、随性，不时融入其中。酒店设计区域包括酒店大堂（大堂吧），全日餐厅，泛亚餐厅，中餐厅，总统套房，会议中心，宴会厅及前厅，健身中心，康乐中心，游泳池，客房区等。

D 设计选材 Materials & Cost Effectiveness
用材考究、多样，精选东南亚名贵石材，天然木料，真皮，高级丝绒布匹，环保乳胶漆等，将光面玻璃与雕花玻璃同台竞放，晶莹玉石点缀时空，带来多样化的格局冲击。

E 使用效果 Fidelity to Client
希尔顿在中国大陆管理的第18家酒店。开业后，迎来各方一致好评。

Project Name_
Hangzhou Qiandao Lake Hilton Hotel
Chief Designer_
Zheng Shiliang
Participate Designer_
Cui Beiliang , Chen Xiaoqiang , Tang Yichao ,
Wang Xiaona , Liu Xiaofeng
Location_
Hangzhou Zhejiang
Project Area_
6000sqm
Cost_
700,000,000RMB

项目名称_
杭州千岛湖滨江希尔顿度假酒店
主案设计_
郑仕樑
参与设计师_
崔北亮、陈晓强、唐益超、
王晓娜、刘晓峰
项目地点_
浙江 杭州
项目面积_
6000平方米
投资金额_
7亿元

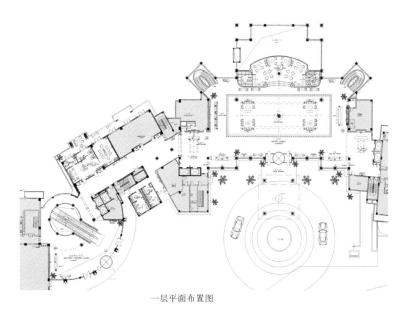

一层平面布置图

主案设计：
郑柏松 Zheng Baisong
博客：
http://819466.china-designer.com
公司：
沈阳姜振东空间艺术设计有限公司
职位：
主案设计师

奖项：
　2011年第三届中国建筑装饰协会照明周刊杯
沈阳赛区二等奖、全国总决赛三等奖
项目：
沈阳鑫汇国际售楼处
沈阳东北城售楼中心
沈阳七杯茶会馆
沈阳天泊圣汇城市温泉酒店

开源维多利亚大酒店
抚顺南城水库山庄
大连红旗谷高尔夫会所
沈阳鑫水湾小区规划设计
沈阳鲲鹏小区规划
新民市凯蒂城花园规划设计
沈阳中汇艺术馆

南城水库山庄
South City Reservoir Hill

A 项目定位 Design Proposition
本案设计主要以低调的奢华为前提，现代中式为基本出发点，利用会所的多元化定位为依托。

B 环境风格 Creativity & Aesthetics
本案在设计环境上依山傍水，山清水秀，位于水库山庄东侧，集垂钓，酒店，茶馆，野味为一体。

C 空间布局 Space Planning
利用了地理位置的优势，位于梯度坡上，节省了更多的结构空间。

D 设计选材 Materials & Cost Effectiveness
主材主要以生态，低碳，环保为主，木作，文化石，金属帘的有机生动结合，给人以更生动的视觉盛宴。

E 使用效果 Fidelity to Client
每年到此休闲度假垂钓的人络绎不绝，甚至有时达到人满为患的程度，给该山庄主人带来了意想不到效益。

Project Name_
South City Reservoir Hill
Chief Designer_
Zheng Baisong
Location_
Tieling Liaoning
Project Area_
6800sqm
Cost_
7,800,000RMB

项目名称_
南城水库山庄
主案设计_
郑柏松
项目地点_
辽宁 铁岭
项目面积_
6800平方米
投资金额_
780万元

一层平面布置图

主案设计:
陈亨寰 Chen Henghuan
博客:
http:// 819784.china-designer.com
公司:
大匀国际空间设计
职位:
协同主持

职称:
IFI国际室内装饰协会专业会员
中国室内装饰协会专业会员
项目:
2002年麦迪森国际事业有限公司[麦迪森KTV]
2005年郑州信和[信和办公楼]
2006年上海城建[古北瑞仕花园]、郑州信和
[普罗旺世]

2007年三亚鹿回头旅游开发[半山半岛]
2008年上海私宅[湖南路别墅]
2009年中远集团[COSCO企业会所]、宁波丽
兹酒店有限公司[丽兹酒店]、君澜酒店集团[三
亚香水君澜]、中信集团[博鳌中信千舟湾]
2010年上海私宅[北外滩白金湾]

海南香水湾君澜别墅酒店标准房
Hainan Narada Perfume Bay Villa Standard Room

A 项目定位 Design Proposition
低调、质朴、禅定的杭派美学,逃离城市喧器,回归自然,营造出中国人诗意,隐匿的居室环境。

B 环境风格 Creativity & Aesthetics
在杭风的建筑语汇里,找寻一串文明中消逝的光斑,依托四散拂面的风、肆意播撒的光,邀约一场亲自然的聚会。廊道、木平台、花池端景、下沉式庭院,每个空间都有故事。

C 空间布局 Space Planning
首先进入开放式餐厅,左手边开敞式面墙将客厅和户外绿色植物融贯,感受自然气息。依据海南的气候和户外的关系,每一处场景都和自然交叠。在空间序列上,采用没有围墙的开放式设计。

D 设计选材 Materials & Cost Effectiveness
海南黑、洞石、本地取材,填洞式处理方式。中国传统家具用材鸡翅木,体现中国文化历史的源远流长。整体设计和配饰用料,采用丝、麻、实木、编织席面、缎面抱枕,麻质壁纸。

E 使用效果 Fidelity to Client
掀开文化的帷幕,思想是主角,空间是载体,禅意的古代家居装饰,每一处、每一角都植入了细致的考量,优雅金、沉稳咖,高级灰,调配出稳重雅致的东方韵味。

Project Name_
Hainan Narada Perfume Bay Villa Standard Room
Chief Designer_
Chen Henghuan
Location_
Sanya Hainan
Project Area_
237sqm
Cost_
2,000,000RMB

项目名称_
海南香水湾君澜别墅酒店标准房
主案设计_
陈亨寰
项目地点_
海南 三亚
项目面积_
237平方米
投资金额_
200万元

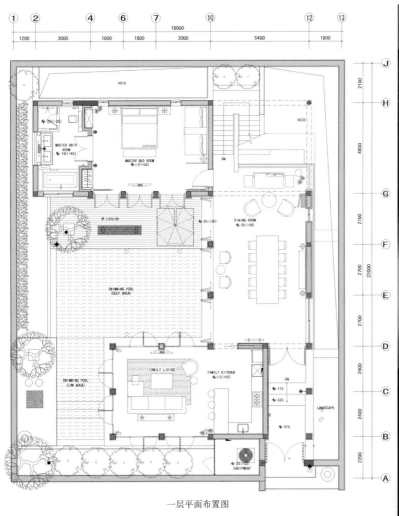

一层平面布置图

主案设计：
陈亨寰 Chen Henghuan
博客：
http:// 819784.china-designer.com
公司：
大匀国际空间设计
职位：
协同主持

职称：
IFI国际室内装饰协会专业会员
中国室内装饰协会专业会员
项目：
2002年麦迪森国际事业有限公司[麦迪森KTV]
2005年郑州信和[信和办公楼]
2006年上海城建[古北瑞仕花园]、郑州信和
[普罗旺世]

2007年三亚鹿回头旅游开发[半山半岛]
2008年上海私宅[湖南路别墅]
2009年中远集团[COSCO企业会所]、宁波丽
兹酒店有限公司[丽兹酒店]、君澜酒店集团[三
亚香水君澜]、中信集团[博鳌中信千舟湾]
2010年上海私宅[北外滩白金湾]

海南香水湾君澜别墅酒店山景房
Hainan Narada Perfume Bay Villa Mountain View

A 项目定位 Design Proposition

海南香水君澜度假别墅坐拥海南独有的地理优势，把握时代精神，同时舒展文化脉络。在温润的海南，我们精心打造了一个中国人自己的东南亚度假胜地。

B 环境风格 Creativity & Aesthetics

低调、质朴、禅定的杭派美学，逃离城市喧嚣，营造出国人诗意，隐匿的居室环境。以墙院围出别墅院落，保证院落空间高度和私密性；多层次的观景空间及生活轴线，让人体验静谧、尊贵的雅士格调。

C 空间布局 Space Planning

首先进入开放式餐厅，左手边开敞式面墙将客厅和户外绿色植物融贯，感受自然气息。依据海南的气候和户外的关系，每一处场景都和自然交叠。在空间序列上，采用没有围墙的开放式设计。阳光、风、雨、日式spa。空间上的穿透、主轴层次、四面环绕的景色在视角的转换中得到多样化体现。

D 设计选材 Materials & Cost Effectiveness

海南黑、洞石、本地取材，填洞式处理方式。中国传统家具用材鸡翅木，体现中国文化历史的源远流长。这是给国人的度假空间，力图打造成"东方的东南亚度假胜地"，整体设计和配饰用料，采用丝、麻、实木、编织席面、缎面抱枕、麻质壁纸。集中演绎中国传统文化和现代休闲居住理念。

E 使用效果 Fidelity to Client

作别昔日的疲惫负荷，远离城市的喧嚣，寻觅处在海之南，云之巅的心灵归宿，这里有文人墨客之清雅，波澜不惊的质朴禅定，娓娓道来的缠绵古意，将意境安排得如此妥当，茶余花香里，足以令您心驰神往。

Project Name_
Hainan Narada Perfume Bay Villa Mountain View
Chief Designer_
Chen Henghuan
Participate Designer_
Li Wei
Location_
Sanya Hainan
Project Area_
372sqm
Cost_
3,040,000RMB

项目名称_
海南香水湾君澜别墅酒店山景房
主案设计_
陈亨寰
参与设计师_
李巍
项目地点_
海南 三亚
项目面积_
372平方米
投资金额_
304万元

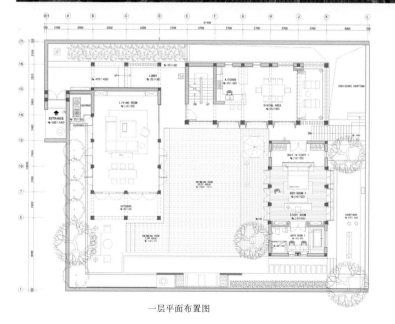

一层平面布置图

二层平面布置图

主案设计：
戴元满 Dai Yuanman
博客：
http://819830.china-designer.com
公司：
深圳市建筑装饰(集团)有限公司
职位：
设计研究院副院长

陕西宾馆贵宾楼
Shanxi Hotel VIP Floor

A 项目定位 Design Proposition

与全国各省的国宾馆相比，陕西宾馆贵宾楼设计突出作为文化大省——陕西的深厚文化底蕴，以"人文、和谐、融汇、传承"做为设计主题，把"安全性、舒适性与人文性"相融合。

B 环境风格 Creativity & Aesthetics

设计手法上并无刻意追求具体风格，而是根据空间的功能和特点，因势循法，以空间的最优化、最舒适与私密作为首要考量，而设计主要以现代手法为主，"重装饰、轻装修"，注重配饰、家具及灯光三大要素对空间风格的相互协调及点缀作用，亦中亦西、中西融合。

C 空间布局 Space Planning

布局上以左右中轴对称形式，由于单层面积较大，在居中位置有两处中庭区域，很好地解决了通风、采光问题，让整个建筑空间变得通透灵动。

D 设计选材 Materials & Cost Effectiveness

在主要材料选择上以耐用、洁净的石材与暖色的木饰面、软包相结合，公共区域以耐久材料为主体，私密的休息空间则以手工地毯、木饰及软包等具亲切感的材料为主。目的是增加舒适性与耐用性，延长翻修的周期。

E 使用效果 Fidelity to Client

陕西宾馆贵宾楼已完成并投入接待工作，其低调且蕴藏丰富文化内涵的人文气质，已得到入住贵宾的一致好评，与众多以豪华材料堆砌的同类相比，突显大方得体、韵味生动、与众不同。

Project Name_
Shanxi Hotel VIP Floor
Chief Designer_
Dai Yuanman
Participate Designer_
Ma Chenglin , Wang Guan , Liu Bing
Location_
Xi'an Shanxi
Project Area_
13000sqm
Cost_
60,000,000RMB

项目名称_
陕西宾馆贵宾楼
主案设计_
戴元满
参与设计师_
马呈林、王冠、刘冰
项目地点_
陕西 西安
项目面积_
13000平方米
投资金额_
6000万元

戴元满 Dai Yuanman

主案设计：
王治 Wang Zhi
博客：
http://822454.china-designer.com
公司：
武汉市IEA设计顾问有限公司
职位：
设计总监

职称：
ICIAD会员
ICDA会员
国际建筑室内设计协会注册室内设计师
中国建筑室内设计协会注册室内设计师
项目：
华美达光谷大酒店
豪生国际大酒店

华美达宜昌大酒店
十堰金地国际大酒店
黄梅国际大酒店
荆门大酒店

华美达宜昌大酒店
Yichang Huameida Hotel

A 项目定位 Design Proposition
项目定位在隆重与奢华，充分考虑客人的私密需求与尊荣体验。

B 环境风格 Creativity & Aesthetics
通过充满中式哲学意味的空间划分与融贯中西的装饰语言处理来传递丰富的文化感受，同时不失轻松的氛围。

C 空间布局 Space Planning
酒店的内部空间不大，很多空间无法满足高星级酒店的标准和要求，建筑空间的局限为室内设计师完成一个满足国际标准和豪华程度的产品增加难度，因此在室内设计的氛围是我们确定核心竞争的关键，设计师将营造温馨的感受和精致华丽的空间作为设计的突破点。

D 设计选材 Materials & Cost Effectiveness
石材、地毯、墙纸、布艺的花型选择上设计师运用了丰富的纹样和华丽的色彩进行组合，让空间精致生动。

E 使用效果 Fidelity to Client
业主非常满意。

Project Name_
Yichang Huameida Hotel
Chief Designer_
Wang Zhi
Participate Designer_
Fan Hui
Location_
Yichang Hubei
Project Area_
2800sqm
Cost_
20,000,000RMB

项目名称_
华美达宜昌大酒店
主案设计_
王治
参与设计师_
范辉
项目地点_
湖北 宜昌
项目面积_
2800平方米
投资金额_
2000万元

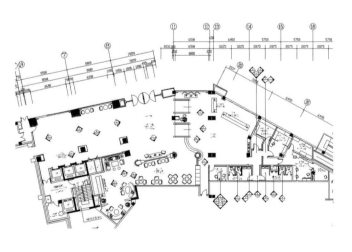

一层平面布置图

主案设计:
陈志山 Chen Zhishan
博客:
http:// 823370.china-designer.com
公司:
个人工作室
职位:
设计总监

永生璞琚概念酒店
Yongsheng Puju Concept Hotel

A 项目定位 Design Proposition

永生璞琚概念酒店不以金碧辉煌的装修作为自己的特点，更多地考虑到客户端的基本需求，低调的奢华便是对整体风格及氛围的最好诠释。

B 环境风格 Creativity & Aesthetics

关于西餐厅的设计，空间设计的构思和原则来源于建筑本身，整体感觉简洁、通透，通过对局部功能的合理配置，加上灯光与色调之间的运用，提升了餐厅整体的档次和格调。

C 空间布局 Space Planning

餐厅把功能和形式紧密结合在一起，在整个平面上合理满足各座位区的需求。酒店的大堂是酒店对外传递信息和树立形象的重要部分，在大堂的室内设计中，选材之间的完美配合，明朗中透露着华贵之感。大厅中间的水晶吊饰，在灯光的映照下，像一串串的珍珠闪耀着，体现出了灵动与贵气。

D 设计选材 Materials & Cost Effectiveness

本案主要材料：水曲柳索黑色，灰木纹大理石，古木纹大理石等。

E 使用效果 Fidelity to Client

房内柔和的灯光营造出闲适慵懒的氛围，在地毯的陪衬下，静谧中流淌着华丽与舒适，让客户一走进房间便可感受到如家般的温暖。

Project Name_
Yongsheng Puju Concepta Hotel
Chief Designer_
Chen Zhishan
Location_
Nanchang Jiangxi
Project Area_
7000sqm
Cost_
10,000,000RMB

项目名称_
永生璞琚概念酒店
主案设计_
陈志山
项目地点_
江西 南昌
项目面积_
7000平方米
投资金额_
1000万元

主案设计：
李泷 Li Long
博客：
http://823527.china-designer.com
公司：
厦门宽品设计顾问有限公司
职位：
设计总监

奖项：
佳科集团（中国）总部作品获福建首届艺术
设计大赛佳作奖
冠豸山温泉度假酒店作品获IAI亚太室内设计
精英邀请赛佳作奖
观音山国际商务营运中心作品获IAI亚太室内
设计精英邀请赛银奖

项目：
北京山水文园会所
福建连城冠豸山温泉度假酒店
鼓浪屿那宅精品酒店
鼓浪屿海洋饼干精品酒店
厦门八方馔养生餐厅
中国石化泉州总部大楼
沙特阿美石油公司中国代表处
创冠集团香港总部
佳科集团（中国）总部
观音山国际商务营运中心
济南御景山墅售楼处·样板房
蓝溪国际售楼处·样板房·会所
北京万城公馆样板房

鼓浪屿那宅酒店
Gulangyu the House Hotel

A 项目定位 Design Proposition
结合古典与时尚、提炼文化与历史、融合与体现鼓浪屿独具特色的建筑风貌，是本案规划的重点。

B 环境风格 Creativity & Aesthetics
塑造具有时尚气质，简约、精致、结合闽南在地文化、低调而奢华的高质感怀旧氛围是设计过程的主体定位。

C 空间布局 Space Planning
公共空间规划贯穿建筑"钻石楼"的设计理念，从空间布局、立面造型、局部细节等多处运用钻石切割面元素，设计更以此作为主题性的概念切入点，提炼具有丰富人文情怀及鲜明视觉特征的元素为设计源，如定制怀旧壁画、木地板拼图、具有细腻肌理的立面材质等……结合现代设计理念及奢华陈设，力求在呼应整体规划设计风格的同时，亦能营造优良质感的时尚氛围，使观者及受众产生共鸣，感受优质空间的独特魅力。

D 设计选材 Materials & Cost Effectiveness
房间设计延续整体环境低调、优雅、精致的质感，亦以各个房间不同的色调与主题带给受众各异的居住体验。绝佳的外部景观环境是客房设计考虑的重点，伫立窗前，与日光岩遥遥相对，春暖花开绿树成荫白鹭悠翔……感受到的不仅仅是空间与视觉带来的舒适，更是天人合一的心灵盛宴。

E 使用效果 Fidelity to Client
基于传统的创新设计……营造令人心灵沉静的素雅空间……是那宅精品酒店规划设计之本。

Project Name_
Gulangyu the House Hotel
Chief Designer_
Li Long
Participate Designer_
Zhangjian , Wang Yanping
Location_
Xiamen Fujian
Project Area_
1200sqm
Cost_
2,200,000RMB

项目名称_
鼓浪屿那宅酒店
主案设计_
李泷
参与设计师_
张坚、汪燕萍
项目地点_
福建 厦门
项目面积_
1200平方米
投资金额_
220万元

主案设计：
陆嵘 Lu Rong
博客：
http://821472.china-designer.com
公司：
上海埃绮凯祺建筑设计有限公司
职位：
设计总监

奖项：
2011中国（上海）国际建筑及室内设计节
"金外滩奖"
2009年中华文化人物奖项
2009年度中国上海第八届建筑装饰室内设计
大赛二等奖
2009年"尚高杯"中国室内设计大奖赛二等奖

项目：
徐家汇天主教主教府大楼
中联部办公大楼
金帆大厦（上海市政府办公楼）
人民大道200号装修改造工程
中国国电集团办公楼
新黄浦大厦改建室内设计
无锡灵山禅修中心

世博洲际酒店
Shanghai World Expo International Hotel

A 项目定位 Design Proposition

在上海召开世博会的背景之下，在世博园的大区域内的唯一一家国际品牌的五星级酒店。

B 环境风格 Creativity & Aesthetics

在设计理念上，强调中西文化的融合、交流、对话的意蕴融入整体的设计中，并且用现代的、国际化的风格体现表达出这一思想。

C 空间布局 Space Planning

在空间布局上，最大限度的尊重功能，为客人提供最佳的流线，最显著的是在一幢现代标准化的酒店大楼下的九幢上海20、30年代的红砖老房子，形成的别墅、酒吧、会议区，提供了不一样的上海风情。

D 设计选材 Materials & Cost Effectiveness

公共区域一改通常酒店所呈现的米黄色调子，而选用大西洋灰色石材，使整体氛围更具高雅、别致。地毯则色彩亮丽，在灰调的空间中显示其魅力。

E 使用效果 Fidelity to Client

齐配的设施，新颖别致的设计，优良的管理服务，绝对的地理位置成为世博期间最具特色的高端酒店。

Project Name_
Shanghai World Expo International Hotel
Chief Designer_
Lu Rong
Participate Designer_
Yu Xiaoliang , Zheng Nan , Su Jialin , Wang Limin
Wang Lichen , Shen Hanfeng , Jing Yuan
Location_
Pudongxinqu District Shanghai
Project Area_
45000sqm
Cost_
31,120,000RMB

项目名称_
世博洲际酒店
主案设计_
陆嵘
参与设计师_
鱼晓亮、郑楠、苏嘉琳、王利民、王利
辰、沈寒峰、景渊
项目地点_
上海 浦东新区
项目面积_
45000平方米
投资金额_
3112万元

一层平面布置图

主案设计：
陆嵘 Lu Rong
博客：
http://821472.china-designer.com
公司：
上海埃绮凯祺建筑设计有限公司
职位：
设计总监

奖项：
2011中国（上海）国际建筑及室内设计节
"金外滩奖"
2009年中华文化人物奖项
2009年度中国上海第八届建筑装饰室内设计
大赛二等奖
2009年"尚高杯"中国室内设计大奖赛二等奖

项目：
徐家汇天主教主教府大楼
中联部办公大楼
金帆大厦（上海市政府办公楼）
人民大道200号装修改造工程
中国国电集团办公楼
新黄浦大厦改建室内设计
无锡灵山禅修中心

无锡灵山胜境三期灵山精舍
Wuxi Lingshan Inn

A 项目定位 Design Proposition
坐落于灵山大佛之侧，提供修身养性、学习体验禅道之所。

B 环境风格 Creativity & Aesthetics
拙朴、内敛没有丝毫的浮华之气，以竹为母题，诠释禅意精神。

C 空间布局 Space Planning
客房精巧，功能仍细致周到。一楼的房间都相邻禅园，自然之气渗入户内。禅堂一角的"色空"塔看似"无用"，但留给人心灵空间，则引人思考。

D 设计选材 Materials & Cost Effectiveness
运用大量的风化实木和竹子，青砖、青石，用最朴实的材料却打造出心灵的圣殿。

E 使用效果 Fidelity to Client
运营之后，尚无广告，但仅凭口口相传，迎来无数客人。在网上122家酒店，口碑排第一名，远远高于众多国际高端酒店，这一点与它的设计有着非常密切的关系。

Project Name_
Wuxi Lingshan Inn
Chief Designer_
Lu Rong
Participate Designer_
Shen Xi , Li Ting , Tian Jun
Location_
Wuxi Jiangsu
Project Area_
9800sqm
Cost_
19,600,000RMB

项目名称_
无锡灵山胜境三期灵山精舍
主案设计_
陆嵘
参与设计师_
慎曦、李婷、田珺
项目地点_
江苏 无锡
项目面积_
9800平方米
投资金额_
1960万元

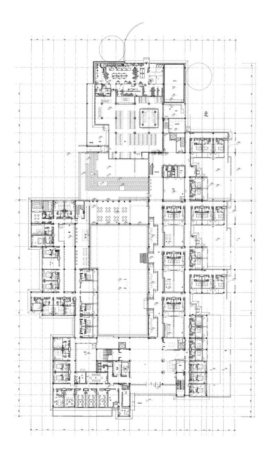

一层平面布置图

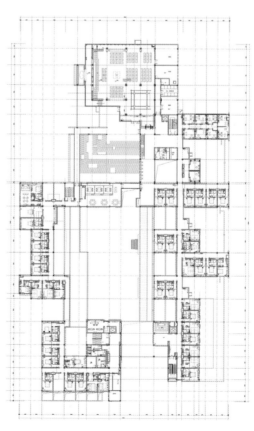

二层平面布置图

主案设计：
彭彤 Peng Tong
博客：
http://821876.china-designer.com
公司：
成都世典酒店设计顾问有限公司
职位：
总经理、设计总监

奖项：
　第二届"博德杯"地域文化室内设计大赛中获酒店空间实例类金奖
　第二届"博德杯"地域文化室内设计大赛中获成都地区大奖
　2011INTERIOR DESIGN CHINA 酒店设计奖"荣获酒店最佳配饰奖

项目：
西昌岷山饭店
绵州酒店KTV
绵州酒店SPA
富乐山国际大酒店
岷山拉萨大酒店
昌都会议中心·贵宾楼
官园宾馆

西昌岷山饭店
Xichang Minshan Hotel

A 项目定位 Design Proposition
借鉴欧风的传统骨架，以现代的设计语言演绎出具有新意、时尚、现代的空间感受。

B 环境风格 Creativity & Aesthetics
祥云、仙鹤、夜宴图、西昌文化的壁画、中国红等元素的运用，是力求在追求酒店整体统一的风格中体现多元化、多视角的传统文化，创造出别具一格的"现代传统观"。

C 空间布局 Space Planning
用纯净、淡雅的的色调作背景，整齐干练的直线语言，衬托出高品位的家具、灯具及艺术品，以此来烘托酒店的时尚氛围，突出重点装饰的照明设计，增强空间的立体感和节奏感。

D 设计选材 Materials & Cost Effectiveness
大堂的挑高设计，顿显酒店的品质感，突出豪华氛围。弧形的总台，温馨灵动的西餐厅，营造出优雅舒适的生活态度。在客房区域，精心的设计将原有建筑的不足之处，变成独具特色的客房区域挑高式中庭，营造良好的氛围让酒店的整体配套更加完美。

E 使用效果 Fidelity to Client
房间是客人在酒店内停留时间最长的空间，温馨舒适的设计风格，将带给客人以家的感受。

Project Name_
Xichang Mingshan Hotel
Chief Designer_
Peng Tong
Participate Designer_
Jiang Peng
Location_
Chengdu Sichuan
Project Area_
12000sqm
Cost_
30,000,000RMB

项目名称_
西昌岷山饭店
主案设计_
彭彤
参与设计师_
江鹏
项目地点_
四川 成都
项目面积_
12000平方米
投资金额_
3000万元

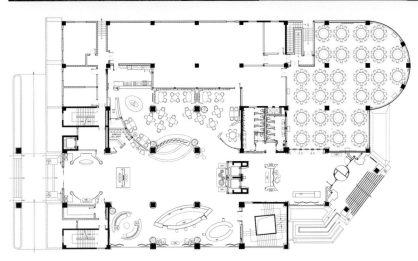

一层平面布置图

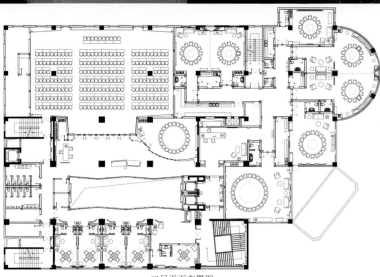

二层平面布置图

JINTANGPRIZE 金堂奖

2011 中国室内设计年度评选
CHINA INTERIOR DESIGN AWARDS 2011

GOOD DESIGN
OF THE YEAR
LEISURE SPACE
年度优秀
休闲空间

主案设计：
张根良 Zhang Genliang
博客：
http://10303.china-designer.com
公司：
海南舜里环境艺术有限公司
职位：
总经理

项目：
2004年7月海南琼海超群时代商厦设计
2005年3月武警海南总队博鳌作战指挥中心装修设计施工
2005年8月武警海南总队一支队作战指挥中心设计施工
2005年10月武警海口支队作战指挥中心设计施工

2005年12月武警海南总队后勤部指挥中心设计施工
2007年3月海南百莱玛度假村规划设计
2007年9月海口警苑小区园林景观设计施工
2008年12月武警三亚指挥中心设计施工
2009年4月河南驻马店嵖岈山温泉小镇规划设计
2009年6月天磨湖度假村四栋别墅装修设计施工
2010年5月温泉木屋区22栋院落室内外设计施工
2011年嵖岈山温泉酒店样板房设计施工

嵖岈山温泉小镇–温泉木屋
Chayashan Town of Spa - Spa Cabin

A 项目定位 Design Proposition

本案为嵖岈山温泉小镇温泉区的配套部分，是温泉休闲的高端消费项目，旨在为游客提供一个可以独立享有的私密自由空间、生态自然空间、身心放松空间。

B 环境风格 Creativity & Aesthetics

整体格调追求与环境的最大化协调，嵖岈山作为国家4A级风景区，西游记部分外景拍摄地，主要的特点就是充满想象力的大块岩石和自然的植物。本项目外观采用樟子松木板条做墙身装饰，仿树皮板做屋面瓦，采用当地的石块垒砌护坡挡墙，植物选择香樟、桂花等常绿植物和鬼柳等落叶树种相搭配，乌桕树和荆条丛有意无意的点缀，更加体现出了与地方环境的协调一致。

C 空间布局 Space Planning

依山就势而建，多户型设计，每个院落均可享有大视野的观山空间和私密区域。小院亲和淳朴，道路弯曲自然，让游人行走其间可体会到乡里村野之趣。

D 设计选材 Materials & Cost Effectiveness

室内地面采用楼兰仿木纹条形地砖，既有木质亲切感，又可以在经营起来不陷入难打理、易变形、有异味等问题。在卫生间和淋浴房上方采用铝蜂窝板，既轻盈又牢固，且不用吊杆，很适合通透大屋面下的局部空间吊顶处理。

E 使用效果 Fidelity to Client

室内木结构颇具马尔代夫风格，大空间通透感引发大众一致称赞，利用建筑的木结构作为装饰，既节约成本，缩短施工时间，且空间丰富多彩。

Project Name_
Chayashan Town of Spa - Spa Cabin
Chief Designer_
Zhang Genliang
Participate Designer_
Tang Min
Location_
Zhumadian Henan
Project Area_
20000sqm
Cost_
10,000,000RMB

项目名称_
嵖岈山温泉小镇-温泉木屋
主案设计_
张根良
参与设计师_
汤敏
项目地点_
河南 驻马店
项目面积_
20000平方米
投资金额_
1000万元

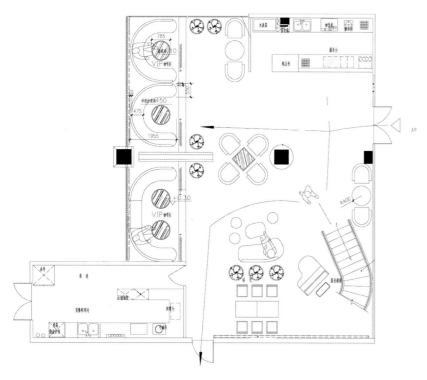

一层平面布置图   二层平面布置图

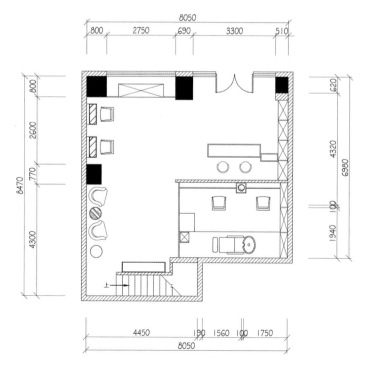

一层平面布置图

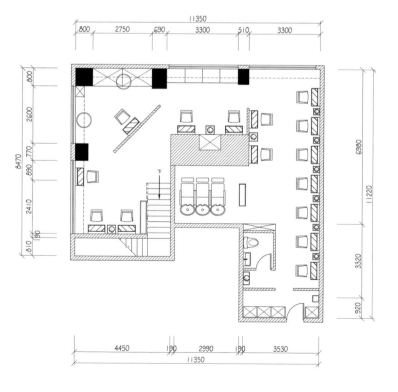

二层平面布置图

主案设计:
王宏 Wang Hong
博客:
http:// 159223.china-designer.com
公司:
北京包达铭建筑装饰工程有限公司
职位:
设计总监

奖项:
第一个拿到享有室内奥斯卡之称的Andrew Martin国际室内设计奖的中国大陆设计师
2010年金堂奖 年度优秀办公空间设计优秀作品奖
项目:
南京银行
运河岸上的院子

万达广场
万通中心
神州数码
中国国航综合办公楼
财源国际中心
君士中心岛俱乐部
财富公馆、严家花园
凯风基金会、中国邮政办公大楼

阳光新业会所
Sunshine New Property Club

A 项目定位 Design Proposition
由于是改造项目，业主要求与现实情况的平衡成为焦点，在定位上力求大气，高雅。

B 环境风格 Creativity & Aesthetics
根据会所不同空间的功能属性，将多种风格有机融合。

C 空间布局 Space Planning
由于原建筑为公寓，在各种管线的制约条件下，灵活运用，创造出丰富的空间层次和流动性。

D 设计选材 Materials & Cost Effectiveness
运用新材料（玉石）的组合产生新的亮点。

E 使用效果 Fidelity to Client
公司自用高端会所，启用后提升了公司形象，促成多个项目合作。

Project Name_
Sunshine New Property Club
Chief Designer_
Wang Hong
Location_
Chaoyang District Beijing
Project Area_
1000sqm
Cost_
15,000,000RMB

项目名称_
阳光新业会所
主案设计_
王宏
项目地点_
北京 朝阳
项目面积_
1000平方米
投资金额_
1500万元

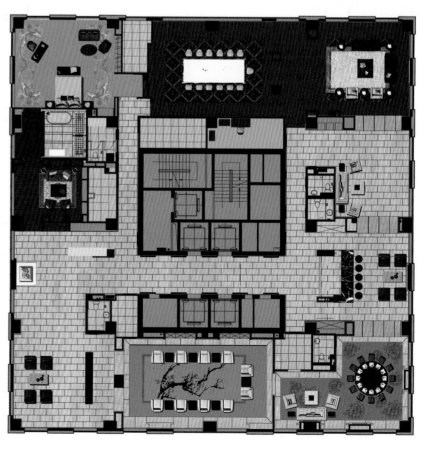

平面布置图

主案设计：
何兴泉 He Xingquan
博客：
http://qy888.china-designer.com
公司：
苏州美瑞德建筑装饰有限公司设计二公司
职位：
方案设计负责人

奖项：
华府别墅设计项目获2009年中国室内设计大奖赛住宅、别墅、公寓方案类三等奖（尚高杯）
爱格地板展厅设计获2009年中国室内设计大奖赛文教、医疗方案类二等奖（尚高杯）
老厂房改造项目获2009年中国室内设计大奖赛商业方案类三等奖（尚高杯）

项目：
日本银座PRINTMPS展柜
日本三桥镇下午茶分店
昆明南亚风情园酒店
芭菲酒吧
老厂房改造设计
戴斯（中国）酒店方案设计
昆山沐兰精品商务汽车旅馆

常熟禧莱乐商场方案
昆山四季花园样板房室内方案
泓佳置业售楼处
无锡鼎尚皇冠酒店（四星）
无锡晶石办公楼
山东石岛宾馆（五星）
刘家大院会所
江苏法尔胜研发中心总部大楼

江阴敔山湾会所
Jiangyin Yushanwan Club

A 项目定位 Design Proposition
利用建筑及环境的先天优势，打造具有现代功能的人文私人会所。原生态与现代设计风格相结合。创造一个建筑、自然和人和谐共处的中间地带。

B 环境风格 Creativity & Aesthetics
含蓄蕴藉、冲淡清远的艺术风格和境界，使人能从所写之物中冥观未写之物，从所道之事中默识未道之事，即获得言外之意、象外之象、意味无穷的美感。

C 空间布局 Space Planning
潜移默化间令身心为之舒畅。以其自然舒适，阳光充沛的个性，成为传统建筑形态布局的高尚典范。宅院的形式，现代的开放及相对隐私，达到一个平衡。

D 设计选材 Materials & Cost Effectiveness
选材以精、少、环保为原则，主要材料有橡木擦色、玻纤壁布乳胶漆、青石板毛面处理。

E 使用效果 Fidelity to Client
项目为私人会所，给业主提供了一个气质优雅的接待空间，后期反应较好，也带来了连续项目。

Project Name_
Jiangyin Yushanwan Club
Chief Designer_
He Xingquan
Location_
Wuxi Jiangsu
Project Area_
5500sqm
Cost_
12,000,000RMB

项目名称_
江阴敔山湾会所
主案设计_
何兴泉
项目地点_
江苏 无锡
项目面积_
5500平方米
投资金额_
1200万元

主案设计：
张浦枫 Zhang Pufeng
博客：
http://165586.china-designer.com
公司：
和易视觉国际艺术设计机构
职位：
设计总监

项目：
保利垄上独栋别墅
中海安德鲁斯独栋别墅
碧水庄园独栋别墅
长岛澜桥独栋别墅
尚东庭联排别墅
温哥华森林独栋别墅
橘郡.水印长滩独栋别墅

观唐独栋别墅
原生墅联排别墅
莫纳花园别墅
运通花园别墅
晴翠园独栋别墅
长岛国际独栋别墅和样板间设计

菩提花
Bodhi Flower Club

A 项目定位 Design Proposition
昏暗是一般会所的印象，我们将空间加上兼有透气通风功能的水幕结构。使光影与光线的交织变幻中构成舒适、幽然而品味高雅的意境。稍许的古拙之意更使得空间扑朔迷离、涵养深湛。

B 环境风格 Creativity & Aesthetics
传统的中式，东西南北四厢而立，呈围合之状，暗喻大地四方。青砖、红门、凝重大气，新建之中亭，飞跃水面。横跨东西，是为普渡之意。

C 空间布局 Space Planning
整个空间的创造是一种对全局的控制和把握，在使用上必须符合功能的要求，以达到舒适的感觉。

D 设计选材 Materials & Cost Effectiveness
根据原有建筑结构及功能的需求，独立接待大厅，儒风书房，小憩中厅，私密会谈，静意水疗，动线与功能流畅合理。既相对独立，又可互相沟通。渗出清雅儒意，整个空间古雅清俊，谥于心，流于形。

E 使用效果 Fidelity to Client
轻松优雅的色彩、细润光硬的质感，中式和东南亚家具蕴涵着浓浓的生命韵味，它决定着书房与茶室的气质。

Project Name_
Bodhi Flower Club
Chief Designer_
Zhang Pufeng
Location_
Dongcheng District Beijing
Project Area_
1300sqm
Cost_
3,000,000RMB

项目名称_
菩提花
主案设计_
张浦枫
项目地点_
北京 东城
项目面积_
1300平方米
投资金额_
300万元

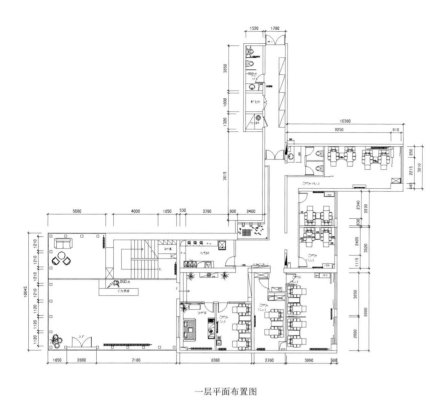

一层平面布置图 二层平面布置图

主案设计:
刘卫军 Liu Weijun
博客:
http://liuweijun.china-designer.com
公司:
PINKI 品伊创意集团
职位:
首席设计师、设计总监

职称:
中国设计行业特高级研究员
[城市荣誉]杰出室内设计师
中国室内设计年度封面人物
中国百名优秀室内建筑师
全国设计行业首席专家
国家高级室内建筑师
中国十佳住宅设计师

项目:
2009年浙江尚格爱丁堡别墅、松山湖生态园规划设计、秦皇岛玻璃博物馆咖啡厅规划设计、保利国际高尔夫花园别墅
2008年西安金地别墅示范单位、福州正荣集团上江城会所、十二橡树会所及别墅示范单位、十里蓝山会所设计
2007年深圳银湖蔡府别墅、澳州CITY BEACH、年观澜高尔夫、中式别墅建筑/园林/室内设计规划

阳光金城别墅会所
Sunshine Jincheng Villa Club

A 项目定位 Design Proposition

本会所规划为私人会所，是豪宅项目价值的重要组成部分之一，会所将成为提供给客户享受豪宅生活的重要标志。

B 环境风格 Creativity & Aesthetics

作品位于咸阳市与西安的交汇处，周围有茂密的白桦林，设计师设计了三面共约29米长的落地窗，铺陈副厅及客厅的宽阔尺度，副厅及客厅之间的景观水池及下沉起着功能分区及过渡之妙，利用手扶梯位置设计了文化石铺设的主题墙，让副厅及客厅的洽谈范围更具亲和力。形成了户内外的良好交流。

C 空间布局 Space Planning

在空间序列安排、外界的环境呼应，以及细节布置的陈设，都采用相互呼应、以现代烘托中式典雅、以简约衬出细腻繁美，以此来表达现代中国人文化意识的特点。

D 设计选材 Materials & Cost Effectiveness

通过主题墙的门洞即是可容纳6~8人的早餐厅及可容纳12人的餐厅，餐厅旁边配有22平方米的大厨房。整体而言，一层私人会所区域包括一道围绕极佳采光的中心庭院廊道、水吧区、早餐厅、主餐厅、家庭影院、午茶区(木平台)等，从传统大而无挡的制式排场概念跳脱出来。

E 使用效果 Fidelity to Client

极大地提升了这个项目的价值，成功的吸引了目标地位人群，成为了西安上流阶层生活形貌的显要之居。

Project Name_
Sunshine Jincheng Villa Club
Chief Designer_
Liu Weijun
Location_
Xi'an Shanxi
Project Area_
600sqm
Cost_
4,700,000RMB

项目名称_
阳光金城别墅会所
主案设计_
刘卫军
项目地点_
陕西 西安
项目面积_
600平方米
投资金额_
470万元

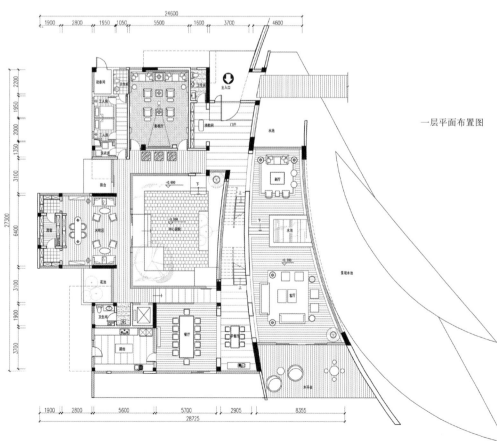

一层平面布置图

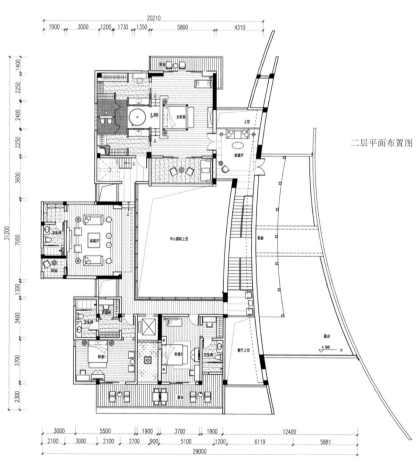

二层平面布置图

主案设计:
梁爱勇 Liang Aiyong
博客:
http:// 205748.china-designer.com
公司:
苏州金螳螂建筑装饰股份有限公司
职位:
所长

职称:
高级室内建筑师
杰出中青年室内建筑师

扬州新城西区1#楼
Yangzhou Xincheng West Dstrict No.1

A 项目定位 Design Proposition
定位也是私家园林中式风格，追求世外桃源的意境，主题"寻觅-桃花源"。

B 环境风格 Creativity & Aesthetics
以"人"为本，以"情"动人，以"神"本，以"意"感人，以"静"禅人的思想和中心，不论从选材，配色，造型等，都围绕这个中心，力求唤起人们对美好生活的向往，让人心灵有所回归，给人以精神上的洗礼。因此洞式花格和抖供式灯饰，折纸型的楼梯等为"意"作出了新诠释。

C 空间布局 Space Planning
内部平面功能布局上在满足业主的功能要求的前提下，采用中国古典园林的手法，灵活多变、因势而定的非对称性布局设计，空间中压缩、伸张、开合、对比等的空间变化。

D 设计选材 Materials & Cost Effectiveness
大量运用质朴自然的天然材质，如灰木纹石材，爵士白，绿热带雨林大理石，马赛克，黑檀木为主，最后的效果整体清雅质朴。

E 使用效果 Fidelity to Client
本案为集团自用场所，完工后的效果业主反应较好。

Project Name_
Yangzhou Xincheng West Dstrict No.1
Chief Designer_
Liang Aiyong
Participate Designer_
Bai Puhe , Zhong Shilin , Yao Weiwei
Location_
Yangzhou Jiangsu
Project Area_
600sqm
Cost_
3,000,000RMB

项目名称_
扬州新城西区1#楼
主案设计_
梁爱勇
参与设计师_
白普鹤、钟石林、姚维薇
项目地点_
江苏 扬州
项目面积_
600平方米
投资金额_
300万元

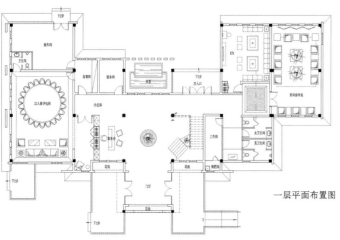

一层平面布置图

二层平面布置图

主案设计：
王俊钦 Wang Junqin
博客：
http://461494.china-designer.com
公司：
睿智汇设计公司
职位：
总经理兼总设计师

职称：
中国娱乐设计师协会副会长
中国建筑学会室内设计分会会员
中国建筑装饰与照明设计师联盟会员
中国照明学会高级会员
项目：
麦乐迪中服店
麦乐迪北京中关村店

麦乐迪北京富力城店
麦乐迪南京山西路店
法蓝瓷北京银泰中心旗舰店
北京多佐日式料理餐厅
东方普罗旺斯艺术豪宅
麦乐迪北京安定门店
如意私人会所
麦乐迪重庆店设计

如意会所
Wishful Club

A 项目定位 Design Proposition

如意会所定位是局限于高端群体特定目标的服务，这里隐藏的是一种生活的态度和方式：高贵性、私密性的享受。

B 环境风格 Creativity & Aesthetics

它用最凝练的色彩与线条，构筑起最简单与华丽的生活方式，成为了如意会所艺术王国的解码器。如意会所的奢华并没有背离人性化的初衷，成就了富人群体的心灵港湾。

C 空间布局 Space Planning

以会所形式为设计主轴，内部空间以中心大厅连接三大专属贵宾室布局全盘，贵宾室彼此间独立而至。以"如意"为此案设计主精神，"祥云、灵芝、如意"，它那旋绕盘曲的似是而非的花叶枝蔓确得祥云之神气。

D 设计选材 Materials & Cost Effectiveness

本案运用了镜面、拉丝玫瑰金不锈钢、牛皮、银箔、金箔、壁纸、茶镜、明镜、橡木饰面板、西班牙米黄石材、雅士白石材等。

E 使用效果 Fidelity to Client

如意会所的私秘、尊贵、舒适、权力感，再加上远眺窗外水立方及鸟巢之独一无二的夜景，更能衬托此刻的盛宴之意。如意会所的市场反响超出了我设计的预期效果。

Project Name_
Wishful Club
Chief Designer_
Wang Junqin
Location_
Chaoyang District Beijing
Project Area_
500sqm
Cost_
8,000,000RMB

项目名称_
如意会所
主案设计_
王俊钦
项目地点_
北京 朝阳
项目面积_
500平方米
投资金额_
800万元

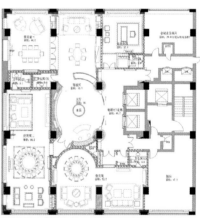

主案设计：
汪晖 Wang Hui
博客：
http://461736.china-designer.com
公司：
天装饰设计工程有限公司
职位：
创意总监

奖项：
2010年"金堂奖"2010CHINA-DESIGNER
中国年度室内设计评选十佳公共空间设计作品
2010年中国室内设计周陈设艺术最高奖项晶
麒麟奖
2011年中国（上海）国际建筑及室内设计节
金外滩最佳概念设计优秀奖
2011年中国（上海）国际建筑及室内设计节

金外滩最佳饰品搭配优秀奖
项目：
你好漂亮、北京绣会所丽
丽兹卡尔整形美容医疗机构
三一会所
自在天高端设计会所
自在天历年展位

京绣会所
Jingxiu Club

A 项目定位 Design Proposition
偏爱一家会所的原因有很多，会因为它静谧优雅的环境，别出心裁的设计，又或是对自己身心体贴入微的呵护，甚至是一个动听的名字。

B 环境风格 Creativity & Aesthetics
我们与"绣会所"的相识便是从它的名字开始的。简单的一个"绣"字像是中华千年历史中抽茧剥丝，吸取湖湘人独特的人文气息而制成的一件华美的衣裳，一座修身养性之地。

C 空间布局 Space Planning
为了让客人的体验效果有更好的专业保障，这里还配套有营养餐、瑜伽室、沙龙、彩妆、整体形象设计等全套服务，还有来自世界顶级的美容美体护肤高科技仪器，实现真正的一站式服务体验。

D 设计选材 Materials & Cost Effectiveness
从简单的纤体美肤到深层次的内部呵护，在这里都可以完美实现。经过专业技师的潜心钻研，绣会所创造了有M BEAUTY特色的黄金SPA、珍珠SPA以及各类养生SPA项目。黄金SPA的灵感来源于宇宙间的奇迹和大海的滋养，饱含代表太阳耀眼的"金"和深海"金藻"的能量及各种矿物元素，优待你的肌肤和感官。

E 使用效果 Fidelity to Client
在绣会所，你总是可以找到你所想要的。欧式奢华的水晶灯，后现代主义的摆设，时尚彰显。秀美瑰丽的湘绣，长幅的白描画卷，怀旧的老式唱片机，画面在这里定格，渲染出一丝情愫，回味在记忆中。

Project Name_
Jingxiu Club
Chief Designer_
Wang Hui
Location_
Dongcheng District Beijing
Project Area_
4000sqm
Cost_
40,000,000RMB

项目名称_
京绣会所
主案设计_
汪晖
项目地点_
北京 东城
项目面积_
4000平方米
投资金额_
4000万元

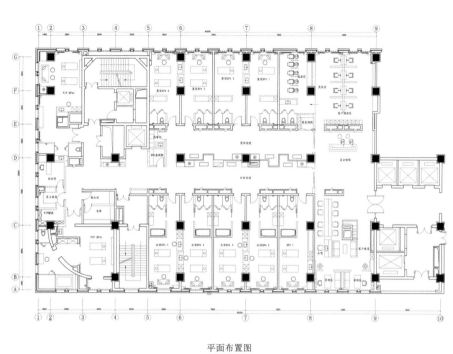

平面布置图

主案设计：
胡若愚 Hu Ruoyu
博客：
http:// 822114.china-designer.com
公司：
厦门喜玛拉雅设计装修有限公司
职位：
设计总监

厦门海峡国际社区原石滩SPA会所
Yuanshitan SPA Club

A 项目定位 Design Proposition

为高端品味人士量身打造的一放松身心的"桃花源"、躲避风雨的"避风港"。

B 环境风格 Creativity & Aesthetics

设计上既追求自然生态，应用原木、原石等自然生态材料，营造舒适轻松氛围，而局部又搭配红铜、皮草等材质，再加上精致的细节处理，彰显内敛奢华。风格上在简约的现代构图中，隐约着东方传统的雅气和禅意。

C 空间布局 Space Planning

公共部分或通过不断变化聚焦点让空间迂回曲折，或通过放大空间，用距离感来营造私密性。而在包间内部采用岛式布局，产生多回路的灵活变化、营造随性，无拘束的空间感受。

D 设计选材 Materials & Cost Effectiveness

由结构柱上的石皮缝隙中，水流缓缓淌下，干湿浓淡间隐约着水墨意境；而不规则排列圆木倒映于水镜之上，池底星灯摇曳，营造气氛同时又遮蔽包厢间的视线；接待台后则是规则阵列的圆木，反射在天花的灰镜上，更显从容大气。接待台面采用整长厚实木料，浮于底部透光木纹石的光影之上。圆形的红铜管高低错落如芦苇一般，与红铜螺旋楼梯相映成趣。而贝芝石仿古面和木饰面的编织肌理，与整体风格相契合。

E 使用效果 Fidelity to Client

会所投入运营一个月，获得广泛好评，所有包厢均需提前预约。

Project Name_
Yuanshitan SPA Club
Chief Designer_
Hu Ruoyu
Location_
Nanchang Jiangxi
Project Area_
3000sqm
Cost_
10,000,000RMB

项目名称_
厦门海峡国际社区原石滩SPA会所
主案设计_
胡若愚
项目地点_
江西 南昌
项目面积_
3000平方米
投资金额_
1000万元

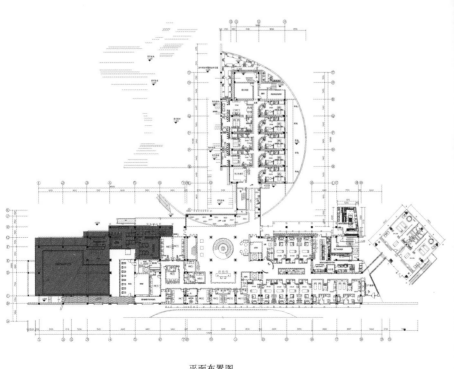

平面布置图

主案设计：
屈彦波 Qu Yanbo
博客：
http:// 490300.china-designer.com
公司：
吉林省点石装饰设计有限公司
职位：
总经理

职称：
中国建筑学会室内设计分会建筑师
中国建筑学会室内设计分会第十三专业委员
会副主任
吉林省装协专家与设计委员会副主任
全国杰出中青年室内建筑设计师
奖项：
2002年获得"史丹利杯"中国室风设计大赛

佳作奖
2003年屈彦波先生的作品家居工程项目在"华
耐杯"中国室内设计大奖赛被评审为优秀奖
2006年获得国际商业美术设计 师室内设计
专业A级资质
2006年 屈彦波获得中国饭店业设计装饰大
赛 "十佳餐馆室内设计师"奖

竹林春晓
The Spring of Bamboo

A 项目定位 Design Proposition
本方案以清秀本真的设计思路，欲满足工薪阶层年轻人的消费标准。

B 环境风格 Creativity & Aesthetics
利用物体虚的影子为元素，来制造气氛。

C 空间布局 Space Planning
在走廊尽头的服务区设置，给人一种期望与吸引力。

D 设计选材 Materials & Cost Effectiveness
选用价格低廉的PVC管作原料，形成投影的载体。

E 使用效果 Fidelity to Client
运营过程中成功地避免了大众觉得传统足疗的高消费之感，又很有品质，让人感觉物超所值。

Project Name_
The Spring of Bamboo
Chief Designer_
Qu Yanbo
Participate Designer_
Zhou Yingying , Zhang Lei , Yang Minglei
Location_
Changchun Jilin
Project Area_
700sqm
Cost_
720,000RMB

项目名称_
竹林春晓
主案设计_
屈彦波
参与设计师_
周莹莹、张雷、杨明磊
项目地点_
吉林 长春
项目面积_
700平方米
投资金额_
72万元

主案设计：
福田裕理 Futian Yuli
博客：
http:// 729728.china-designer.com
公司：
上海可续建筑咨询有限公司(Sarch设计咨询)
职位：
设计总监

职位：
高级室内设计师
项目：
上海世博会台北案例馆
南京翠屏国际金融中心售楼处
上海世博会大阪案例馆
上海X2创意空间

远雄徐汇园顶级豪宅会所
Yuanxiong Xuhui Garden Top Luxury Club

A 项目定位 Design Proposition

设计师提出将古典"飞扶壁"元素，以现代的铸铁和透光云石来重新诠释，玻璃拱的柔美灯光搭配古铜色的金属框架，局部搭配粗犷的文化石主墙面、凹凸有致的壁面线板装饰、与玻璃拱呼应的家具曲线，整体的设计显得柔美优雅。室内整体的风格不仅延续了建筑外观的古典元素，更赋予了现代的生命。

B 环境风格 Creativity & Aesthetics

从住宅大堂的楼梯下来立刻进入一个挑空的玄关，深棕色带线脚的前台壁板搭配文化石墙面以及柔软的布艺沙发，让人仿佛来到欧洲小旅店般的温馨，木质腰墙与家具统一色系，空间更显整洁。

C 空间布局 Space Planning

进入到沙龙空间，顶上三进的玻璃拱的柔美曲线是本案的设计主题，传统欧式元素以现代素材和简约的形式来重新诠释而成新古典主义，大胆的拱形钢架，体现欧洲酒店大堂里的社交氛围。

D 设计选材 Materials & Cost Effectiveness

所有的空间都围绕着泳池配置，以争取最舒适的视觉效果。健身房一字排开，不需要多余的装饰，用木材、镜子和间接照明营造出简约效果，与隔着玻璃的游泳池空间统一。

E 使用效果 Fidelity to Client

会所整体以开放的"沙龙"为中心，为运动、休闲、娱乐甚至商务提供了全方位的空间。

Project Name_
Yuanxiong Xuhui Garden Top Luxury Club
Chief Designer_
Futian Yuli
Location_
Xuhui District Shanghai
Project Area_
1800sqm
Cost_
1,000,000RMB

项目名称_
远雄徐汇园顶级豪宅会所
主案设计_
福田裕理
项目地点_
上海 徐汇
项目面积_
1800平方米
投资金额_
100万元

地下一层平面布置图

主案设计:
宋戏 Song Xi
博客:
http:// 795843.china-designer.com
公司:
宋戏装饰装修工程有限公司
职位:
董事

大连瑶池温泉会馆
Dalian Yaochi Spa Club

A 项目定位 Design Proposition

介于 "温泉休闲洗浴" 商业市场之不断推进，犹由业主与设计者之间的种种因缘，孕育了瑶池，开始它的进程。——其结果一定在过程之中！能够选择中国文化之风植于此地而操手，完全是设计者与业主对中国文化喜爱的一种有感而发，一种潜意识尊敬。——喜欢身溶其中之人即为市场定位之本。

B 环境风格 Creativity & Aesthetics

董其昌在《画禅室随笔》中提: "虚实者各段中，用笔之详略也，有详处，必要略处，但审虚实，以意取之，画自奇矣。" 因此项工程大部分设计在施工中完成，故重点区，过渡区，点与点之关系的把握实在为一主题，并用了许多唐之元素，符号。弹播空间之主旋律，亦因空间限制的因数作了大量的简化处理。同时溶入了许多的商业形式来描绘空间。——实在的说；只是设计者的一种 "未果之乐" 行为。

C 空间布局 Space Planning

功能在空间布局中，皆因原建筑的空间形式有所寻……有以用。商业特点与原内部空间搭意而现，搭意即设计者。——并无刻意强调功能之局。

D 设计选材 Materials & Cost Effectiveness

大量采用了实木并实施传统的一些工艺，用以确认运营使用周期。石材的质感处理在此强调——无光、哑光、凹凸点状——拟自然之象，抒人之情。垂直交通路线设人行木梯并非电梯——传统的行进品境，意心之法。

E 使用效果 Fidelity to Client

结果一定在工程之中！无争之心用以避免目之盲地，一定悦人之心、之行，必有丰自之果。

Project Name_
Dalian Yaochi Spa Club
Chief Designer_
Song Xi
Participate Designer_
Shi Chuanpeng , Li Yingli , Ma Yunpeng ,
Cao Xiaoming , Shi Baojun
Location_
Dalian Liaoning
Project Area_
8200sqm
Cost_
43,000,000RMB

项目名称_
大连瑶池温泉会馆
主案设计_
宋戏
参与设计师_
时传鹏、李颖黎、马云鹏、
曹晓明、石宝俊
项目地点_
辽宁 大连
项目面积_
8200平方米
投资金额_
4300万元

VIP包间1夹层平面布置图

VIP包间2夹层平面布置图

火龙浴上方夹层平面布置图

主案设计：
周少瑜 Zhou Shaoyu
博客：
http://804032.china-designer.com
公司：
福州子辰装饰工程有限公司
职位：
设计总监

奖项：
国家注册二级建造师
工程师
注册室内设计师
CIID中国室内设计学会会员
CIID中国室内设计学会福州专业委员会常务委员
项目：
新华人寿福建分公司办公楼装修设计施工

阳凯集团阳明海运福州办事处办公楼装修设计施工
福建亨立建设集团福州分公司办公楼装修设计施工
农家乐饭庄福州电力店装修设计
白沙湾酒家装修设计
福州福天来足按宫内装修改造设计
建瓯污水处理厂办公楼室内装修及建筑外观设计
福州绿洲家园杨府别墅装修及园林景观设计施工
福州公园道一号郑宅设计施工

生机源SPA
Life Source SPA

A 项目定位 Design Proposition

水，是万物的源泉。本案以水形态为设计元素，贯穿整个作品之中。水泡的波澜壮阔，水纹的涟漪美丽构就了生机勃勃的源泉，成为整个空间的主要元素。

B 环境风格 Creativity & Aesthetics

作品在环境风格上的设计创新点：空间清馨，空灵，低碳节能的营业环境。

C 空间布局 Space Planning

空间灵动。

D 设计选材 Materials & Cost Effectiveness

低碳环保。

E 使用效果 Fidelity to Client

采用暖白的色调来营造一种宁静的氛围，配合LED节能灯光系统、HIFI环绕背景音乐系统、新风换气空调系统，来倾力打造一种清馨、空灵、和谐、让人身心舒畅的低碳节能的环境。

Project Name_
Life Source SPA
Chief Designer_
Zhou Shaoyu
Location_
Fuzhou Fujian
Project Area_
275sqm
Cost_
500,000RMB

项目名称_
生机源SPA
主案设计_
周少瑜
项目地点_
福建 福州
项目面积_
275平方米
投资金额_
50万元

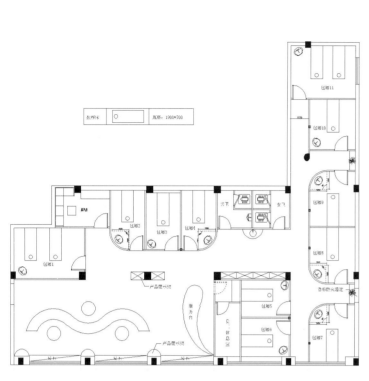

平面布置图

主案设计:
萧爱华 Xiao Aihua
博客:
http://816453.china-designer.com
公司:
上海萧视设计装饰有限公司
职位:
设计总监

职称:
高级室内建筑师
项目:
佘山三号
苏州南园禅SPA高级私人会所
史宾瑟创意日本料理店

安SPA
An SPA

A 项目定位 Design Proposition
本案座落于成熟社区的商业广场中，是一店中店，总面积330平方米。服务项目有女子SPA、泰式按摩、泰式足疗等，可同时为22人服务。

B 环境风格 Creativity & Aesthetics
本案不仅要体现泰式质朴的特点还应给客人舒适，轻松的环境感受。为了更好地表现泰式风情，所有的服务技师及产品全部由泰国引入，如精油，香薰，甚至许多艺术品都是业主在泰国多年的收藏。

C 空间布局 Space Planning
本案整体设计简约时尚，大量的弧线给人柔软轻松的感觉。摒弃了繁琐的装饰，用简洁的线条勾画出时尚的养生空间。

D 设计选材 Materials & Cost Effectiveness
用干枝、草编、叶状造型贯穿各个空间，达到空间统一传达泰式的质朴。在进门处接待区，是一蛋状空间。设计师用了借喻手法寓意女人做完SPA后的皮肤像剥了壳的鸡蛋洁白无暇。

E 使用效果 Fidelity to Client
深受顾客的喜爱。

Project Name_
An SPA
Chief Designer_
Xiao Aihua
Participate Designer_
Xie Fangyong
Location_
Hongkou District Shanghai
Project Area_
450sqm
Cost_
5,000,000RMB

项目名称_
安SPA
主案设计_
萧爱华
参与设计师_
谢芳勇
项目地点_
上海 虹口
项目面积_
450平方米
投资金额_
500万元

主案设计:
萧爱华 Xiao Aihua

公司:
上海萧视设计装饰有限公司

职位:
设计总监

平面布置图

主案设计：
孙传进 Sun Chuanjin
博客：
http://816869.china-designer.com
公司：
无锡观点设计
职位：
设计总监

巴登巴登温泉酒店
Baden-Baden Spa Hotel

A 项目定位 Design Proposition

地处繁华的无锡新区中心商务圈，是服务于追求高档品质生活的中高档消费人群的温泉俱乐部。

B 环境风格 Creativity & Aesthetics

会所硬件设施采用了星级配置，环境典雅、舒适。内部独特的设计，融汇了高压，时尚风格。

C 空间布局 Space Planning

其设计大方、亲和、豪华，创造了一种轻松、休闲的艺术气氛。其中核心区域弧形墙的设置极具体验感。

D 设计选材 Materials & Cost Effectiveness

设计时尚，装修奢华，大量应用LED、光纤、亚克力、不锈钢、玻璃镜面等冷色调材料为主，对比鲜明。。

E 使用效果 Fidelity to Client

自营业以来取得了较好的经济效益，在业内外建立了一定的知名度。吸引了一批稳定的客源。

Project Name_
Baden-Baden Spa Hotel
Chief Designer_
Sun Chuanjin
Participate Designer_
Hu Qiang
Location_
Wuxi Jiangsu
Project Area_
3800sqm
Cost_
14,000,000RMB

项目名称_
巴登巴登温泉酒店
主案设计_
孙传进
参与设计师_
胡强
项目地点_
江苏 无锡
项目面积_
3800平方米
投资金额_
1400万元

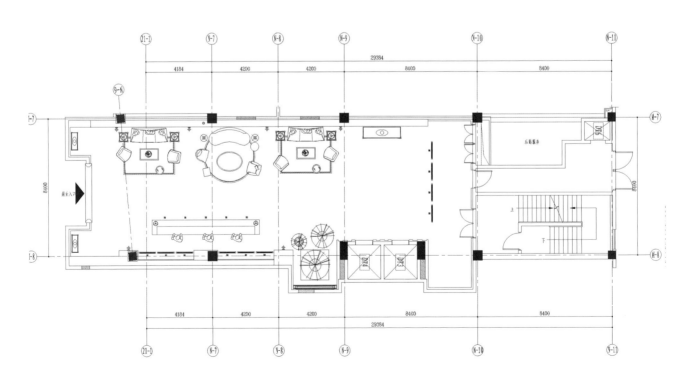

一层大堂平面布置图

主案设计：
施传峰 Shi Chuanfeng
博客：
http://818959.china-designer.com
公司：
福州宽北装饰设计有限公司
职位：
首席设计师

职称：
中国建筑学会室内设计分会设计师
喜盈门杯首届福建省家居设计大赛佳作奖
2000年"融侨东区"杯装饰设计大赛二等奖
2000-2001年，曾多次在东南快报和置业周
刊上刊登设计作品
2009"瑞丽•美的中央空调"全国家居设计
大赛三等奖

项目：
枫丹白鹭
康居康园
回归
桂湖云庭

演绎风情空间
Show the Style Space

A 项目定位 Design Proposition

在天瑞酒庄里，每一个转角几乎可以视为对葡萄酒文化的传承与演绎。它的空间情趣与节奏风格融合了多样的风情与文化，使得隐藏于都市人心中关于精致生活的那些奢望落到了实处。

B 环境风格 Creativity & Aesthetics

酒庄共被分为上下两层，它们之间彼此独立，却又不乏交流的可能。空间中的不同区域在满足各自功能的基础上，用色彩、光影、材质的变化来引导着人们的视觉享受。

C 空间布局 Space Planning

空间里的色彩与灯光设计也控制着来访者的心情。置身其中，会有一种奇妙的感觉，仿佛从现实的喧闹中走出来，而后在这个暖色调的氛围里渐渐褪去那份浮躁。

D 设计选材 Materials & Cost Effectiveness

一楼入口的锥形柱做成由夸张变形的大"橡木塞"重叠而成的形状，它既是纯粹的装饰片段，又是一种时尚的演绎；洗手台旁放置着装饰品与酒杯的"高几"，竟是一个古朴的橡木酒桶，它毫不隐晦地表现着其率真与坦诚的面孔；而用软木塞串成的帘子则成为了一大面的背景墙，为我们带来了新鲜的视觉体验。当射光打在上面时，仿若满墙的灿烂繁星，远观则又像折射着光的瀑布，似乎当一阵风吹过，能看到晃动的帘子后藏着若隐若现的宝藏。

E 使用效果 Fidelity to Client

在这个纯粹的空间里，或品酒或交谈，一切仿佛陌生，又好像分外熟悉。眼前的一切是如此鲜活和可爱，而我们能做的只是运用辞藻作愉快的记录，并还原真实的场景。我们欣喜的是，面对这样的一个空间时，除了留下图文的记忆，内心竟是满足的。

Project Name_
Show The Style Space
Chief Designer_
Shi Chuanfeng
Participate Designer_
Xu Na
Location_
Fuzhou Fujian
Project Area_
230sqm
Cost_
500,000RMB

项目名称_
演绎风情空间
主案设计_
施传峰
参与设计师_
许娜
项目地点_
福建 福州
项目面积_
230平方米
投资金额_
50万元

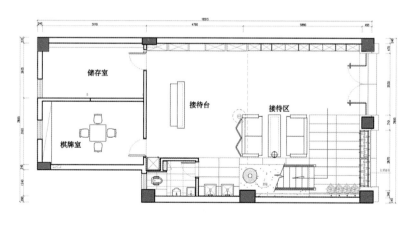

一层平面布置图

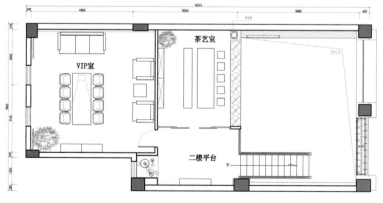

二层平面布置图

主案设计：
吴矛矛 Wu Maomao
博客：
http://820317.china-designer.com
公司：
中外建工程设计与顾问有限公司
职位：
设计总监

职称：
国际认证注册-高级室内设计师
IFDA国际室内装饰设计协会中国分会常务理事
CIID中国建筑学会室内设计分会资深会员
IFI国际室内设计师建筑师联盟会员
北京市建筑工程学院建筑学学士
2003年被建设部中国建筑装饰协会评选为有
成就的36位青年室内建筑师

项目：
昆明海埂会议中心别墅型酒店
北京密云水世界度假酒店
沈阳皇冠假日酒店
北京太阳中心博道俱乐部
北京丽高王府私人会所
北京东方君悦酒店都市名人会所
北京华懋丽思卡尔顿酒店大卫杜夫会所

万豪酒店长江CEO俱乐部
Marriott Hotel Yangtze River CEO Club

A 项目定位 Design Proposition
是由酒店投资方设立的定位于高端商务人士的会员制豪华会所。

B 环境风格 Creativity & Aesthetics
风行于上世纪初的新艺术风格，反映了当时艺术家对社会与文明的一次深刻思考以及对当时工业化时代的批判与抗争。存留虽然短暂，却表达了以人为本的理念精髓。将近一个世纪之后，又是新的时代更迭，新艺术风格的情结再次触动了设计师的灵感——美丽的蝴蝶作为亮丽时尚与美好情感的象征，成为CEO CLUB的空间代言。

C 空间布局 Space Planning
设计师通常都不喜欢做重复的设计，如何使新的设计具有独到的视角和鲜明的个性，如何克服建筑条件所造成的低矮压抑的空间氛围，成为设计师面临的挑战。

D 设计选材 Materials & Cost Effectiveness
门是空间中最充满神秘感与诱惑力的物件，在这里它更像是一位梦的精灵，鼓动这美丽的翅膀带你进入离奇的梦境，令人充满期待。设计的灵感来自一只手绘的蝴蝶，当它从设计师的笔端跃然纸上的时候，浪漫的气息便融入了整个设计。

E 使用效果 Fidelity to Client
子曰："知之不如好之，好之不如乐之"。设计师唯有乐在其中，才能创作出鲜活的作品。

Project Name_
Marriott Hotel Yangtze River CEO Club
Chief Designer_
Wu Maomao
Location_
Dongcheng District Beijing
Project Area_
880sqm
Cost_
1,000,000RMB

项目名称_
万豪酒店长江CEO俱乐部
主案设计_
吴矛矛
项目地点_
北京 东城
项目面积_
880平方米
投资金额_
100万元

主案设计:
朴勇 Piao Yong
博客:
http:// 821287.china-designer.com
公司:
哈尔滨唯美源装饰设计有限公司
职位:
设计师

华清池
Huaqing Pool

A 项目定位 Design Proposition

华清池位于哈尔滨市中心区，两层总面积3000平方米，设计追求的是实用、简洁、功能至上。

B 环境风格 Creativity & Aesthetics

设计的创意来源于水，整个设计围绕着水在空间中的瞬间变化，捕捉了水花在接触水面的那个瞬间，水在空间中跌落。设计中巧妙利用柱子作为空间设计的主要元素，将不可避免的柱子作成视觉的中心，反而让柱子在空间中消失，融化在空间中。

C 空间布局 Space Planning

设计师认为洗浴空间设计主要以功能设计为主，一切形式均服务于功能。

D 设计选材 Materials & Cost Effectiveness

在材料选择上主要以耐久、实用为主，为了体现水的柔软质感，选择马赛克为主要材料。一层的浴区顺畅的行走路线，明亮的灯光，二层的温馨舒适的灯光环境能让顾客在优美的环境中舒适的享用休闲时刻。

E 使用效果 Fidelity to Client

顾客在舒适优美的环境中享受休闲时光。

Project Name_
Huaqing Pool
Chief Designer_
Piao Yong
Location_
Ha'erbin Heilongjiang
Project Area_
3000sqm
Cost_
20,000,000RMB

项目名称_
华清池
主案设计_
朴勇
项目地点_
黑龙江 哈尔滨
项目面积_
3000平方米
投资金额_
2000万元

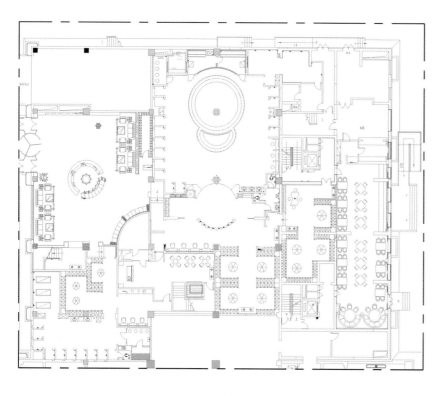

一层平面布置图

主案设计：
徐晓丽 Xu Xiaoli
博客：
http:// 821851.china-designer.com
公司：
杭州金白水清悦酒店设计有限公司
职位：
设计师

奖项：
2010年浙江省优秀建筑装饰设计奖
2010年浙江省优秀建筑装饰设计奖
项目：
江南汇1001CLUB
杭州大厦皇家公馆商务娱乐会所

毛戈平生活馆
Mao Geping Life Club

A 项目定位 Design Proposition
毛戈平生活馆是以毛戈平辉煌的化妆事业和成熟的教育事业为基础衍生新的集妆面设计，服装搭配，色彩分析，个人形象管理等为一体的机构。定位白领类中高端消费人群。

B 环境风格 Creativity & Aesthetics
以简约的造型和纯净的色彩为大基调，以少量的欧式图案和金色作为点缀，追求整体氛围的纯净高雅感。

C 空间布局 Space Planning
在原有空间面积不大的情况下，主要采用个空间流通或半流通的设计手法。

D 设计选材 Materials & Cost Effectiveness
运用细窄的不锈钢包边，使空间更为精致，高档。

E 使用效果 Fidelity to Client
吸引众多白领女性群体。

Project Name_
Mao Geping Life Club
Chief Designer_
Xu Xiaoli
Participate Designer_
Tong Fang
Location_
Hangzhou Zhejiang
Project Area_
300sqm
Cost_
1,000,000RMB

项目名称_
毛戈平生活馆
主案设计_
徐晓丽
参与设计师_
章方
项目地点_
浙江 杭州
项目面积_
300平方米
投资金额_
100万元

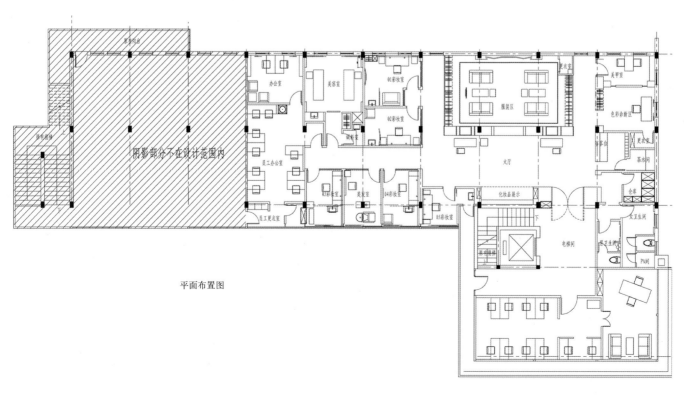

平面布置图

主案设计：
孙黎明 Sun Liming
博客：
http://822013.china-designer.com
公司：
无锡上瑞元筑设计制作有限公司
职位：
董事、设计师、企划总监

职称：
CIID中国建筑学会室内设计分会理事
CIID中国建筑学会室内设计分会第三十六
（无锡）专业委员会 秘书长
江苏省室内设计学会理事
IFI国际室内建筑师/设计师联盟会员
ICIAD国际室内建筑师与设计师理事会理事
美国IAU艺术设计硕士

奖项：
金羊奖-2008年度中国十大餐厅酒吧空间设计师
被评为1989-2009年中国室内设计二十周年杰出设计师
项目：
时尚造型发廊、夏威夷国际自助餐厅、蕉叶餐厅、
苏州椰香厨房、御沐轩SPA、外婆人家餐厅、顶上牛排、
苏州江南印象、优阁精品旅馆、金水桶足浴、
扬州牛排（京华店）（四望亭店）（珍园店）

悦云SPA
Yueyun SPA

A 项目定位 Design Proposition
安谧参禅的空间调性通过静穆平和的木结构表现。

B 环境风格 Creativity & Aesthetics
石材、小型雕塑、浮雕古砖、精致饱满的陶器塑造禅意空间。

C 空间布局 Space Planning
空间注重建筑内部与外部环境的衔接。

D 设计选材 Materials & Cost Effectiveness
在通风采光得到优化的同时，格栅、玻璃的围合遮挡。

E 使用效果 Fidelity to Client
吐纳清新、身心放松空间必需的私密性。

Project Name_
Yueyun SPA
Chief Designer_
Sun Liming
Participate Designer_
Hu Hongbo
Location_
Wuxi Jiangsu
Project Area_
2000sqm
Cost_
10,000,000RMB

项目名称_
悦云SPA
主案设计_
孙黎明
参与设计师_
胡红波
项目地点_
江苏 无锡
项目面积_
2000平方米
投资金额_
1000万元

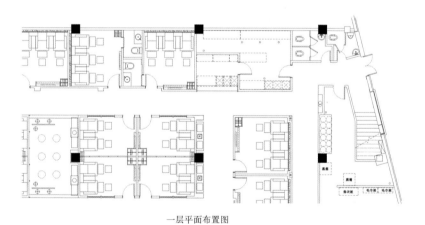

一层平面布置图

二层平面布置图

主案设计：
蔡进盛 Cai Jinsheng
博客：
http:// 822114.china-designer.com
公司：
方块空间设计机构
职位：
创始人兼设计总监

合园会所
Heyuan CLub

A 项目定位 Design Proposition
看惯尘世浮华，阅尽百态人生，恬淡心境自存于胸。日落西山，携友探寻离世之桃源，高谈阔论，掌思长谈。不经意间，邂逅进退自如的豪迈，于斯合宴，清炖了岁月，滋补了衷肠。前一席浩瀚，为"中心"；后一番赏悦，称"合园"。

B 环境风格 Creativity & Aesthetics
本案位处聚合力直线上升的南昌朝阳中路，经贸、资源、文化……四通八达、左右逢源。项目以中国传统江南水乡的意境，表达朦胧细腻之纤美，尽情营造闹中取静，出则繁华、入则隐秘之离世"桃源"。

C 空间布局 Space Planning
小河流水，石径纵伸，延伸处，中国传统人字顶建筑跃然眼底，"合园"于此天地相连，自然一统。

D 设计选材 Materials & Cost Effectiveness
推开厚重的铜门，精雕细致之雕花立柱，琳琅之青花瓷器，名贵罗汉床、圈椅，高高之木顶，浓厚的极具中式文化内涵的门厅，迎接每一位"塔尖"人士的到来。

E 使用效果 Fidelity to Client
张而不扬，含而不露。当午后的阳光慵懒的撒进窗内，轻轻举起高脚杯，杯盏间，谈笑风生见胸怀。

Project Name_
Heyuan CLub
Chief Designer_
Cai Jinsheng
Location_
Nanchang Jiangxi
Project Area_
600sqm
Cost_
6,000,000RMB

项目名称_
合园会所
主案设计_
蔡进盛
项目地点_
江西 南昌
项目面积_
600平方米
投资金额_
600万元

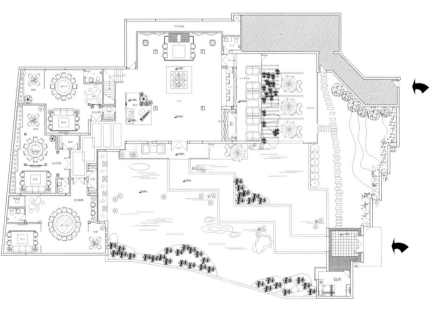

一层平面布置图

二层平面布置图

主案设计:
刘旭东 Liu Xudong
博客:
http://822630.china-designer.com
公司:
北京丽贝亚建筑装饰工程有限公司
职位:
设计一所所长

奖项:
获2010"尚高杯"中国室内设计大奖赛佳作奖
荣获2008年中国室内设计周 金奖
荣获2008年第四届海峡两岸四地设计大赛铜奖
荣获2008年第四届海峡两岸四地设计大赛银奖
项目:
大连东海月光城KTV
时尚杂志办公楼

北湖九号高尔夫会所
北京湾会所
一泉德茶会所
北京君山会所
北京伯爵园高尔夫私人会所
北京天颐隆火锅店
天狮温泉国际酒店

潇湘会会所室内设计
Xiaoxiang Club

A 项目定位 Design Proposition
潇湘会会所是难得的古建翻新改建项目。潇湘一词，最早见于《山海经·中山经》："澧沅之风交潇湘之浦。"原意为湘江与潇水的并称。此后广为流传，作为如诗如画美的象征。

B 环境风格 Creativity & Aesthetics
我们将这座古建诠释为四个词：歇山、大木作、槛窗、寻杖栏杆。我们所搭建的，不仅仅是极具富丽堂皇的食府，更是融汇东西方文化精髓的艺术殿堂。

C 空间布局 Space Planning
我们的核心理念围绕天、地、人、和。

D 设计选材 Materials & Cost Effectiveness
古建中大胆使用现代沥粉彩绘取代传统彩绘的做法，使空间多变而富有层次感。同时沥粉彩绘天花板制成活动隔板，便于加工、缩短控制工期进度。大量金、银、铜铂的应用，打造出金碧辉煌的效果。

E 使用效果 Fidelity to Client
采用巨幅西式油画饰面充当主材天花，使空间具有神秘感与空间感。

Project Name_
Xiaoxiang Club
Chief Designer_
Liu Xudong
Participate Designer_
Jia Jiang , Jiao Qingfu
Location_
Xuanwu District Beijing
Project Area_
434sqm
Cost_
6,500,000RMB

项目名称_
潇湘会所室内设计
主案设计_
刘旭东
参与设计师_
贾江，焦庆夫
项目地点_
北京 宣武
项目面积_
434平方米
投资金额_
650万元

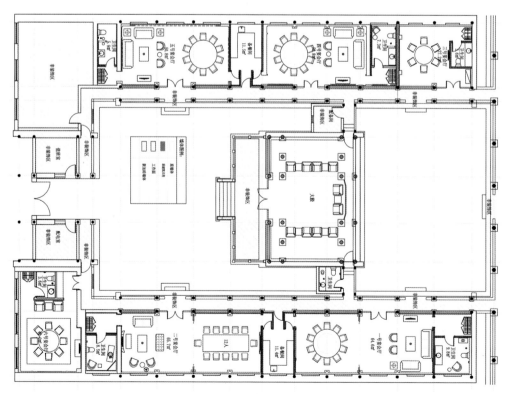

平面布置图

主案设计：
卢克岩 Lu Keyan
博客：
http:// 823377.china-designer.com
公司：
山东济南天地儒风中式空间设计研究所
职位：
总经理/总策划

儒风会会所
Rufenghui Club

A 项目定位 Design Proposition
"合天地之气，扬儒家风范"，以"五维空间思想"设计空间，在传统三维基础上加入"时间"和"精神"十乐之所 读书、谈心、静思、晒日、小饮、赏乐、下棋、书画、种花、活动。

B 环境风格 Creativity & Aesthetics
儒风会，"新阶层沙龙"，一个阶层对于生活的诗意追求与梦想。"把一盏清茶，品一口香茗"，琴棋书画诗酒花，浓郁的中国意境和谐并存。

C 空间布局 Space Planning
儒风会，精英的"秘密花园"。外表低调，"内里"奢华。外表之外，才是会所之魂——奢华的生活之道。文化和传统远胜过金钱的魔力，会所空间的文化精神是会所空间设计的至高境界。

D 设计选材 Materials & Cost Effectiveness
通过光影、形体及材质的相互协调，实现生活与陈设艺术的完美交融，营造出一个绚烂奢华、尊贵优雅的艺术空间。

E 使用效果 Fidelity to Client
明式家具爱好者、艺术家、企业家、公务员和时尚界人士、稳重、尊贵、优雅和高格调的精神气息。

Project Name_
Rufenghui Club
Chief Designer_
Lu Keyan
Location_
Jinan Shandong
Project Area_
288sqm
Cost_
5,000,000RMB

项目名称_
儒风会会所
主案设计_
卢克岩
项目地点_
山东 济南
项目面积_
288平方米
投资金额_
500万元

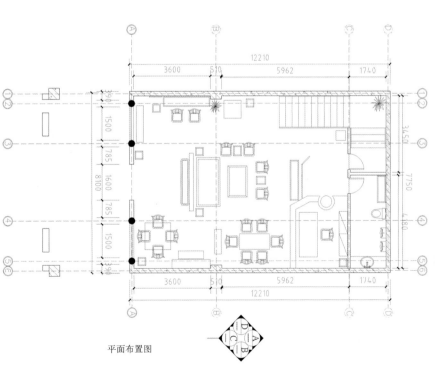

平面布置图

主案设计：
邹巍 Zou Wei
博客：
http:// 823568.china-designer.com
公司：
景德镇市东航室内装饰设计有限公司
职位：
设计总监

麦田造型
Crop Style

A 项目定位 Design Proposition

常规的美发造型会所更多的注重表面的概念造型或豪华高贵的形式，而我们则更多地关注空间带给客人新的体验感觉和精神内涵，并且深深地关注室内设计所围绕的中心——人（客人与经营者）。

B 环境风格 Creativity & Aesthetics

空间贯穿着简洁的线条，色调以白、黑色为主，使空间整体气氛。

C 空间布局 Space Planning

高雅、时尚、专业，配合暖浅色的木制地板，让空间的冷暖轻重得到了平衡。

D 设计选材 Materials & Cost Effectiveness

由于造型会所，处在一个小城市，因此客人往往需要很好的私密感和尊贵感。

E 使用效果 Fidelity to Client

我们利用空间的户型，把区域多块细化的分割，让客人有更好的高贵感。

Project Name_
Crop Style
Chief Designer_
Zou Wei
Location_
Jingdezhen Jiangxi
Project Area_
240sqm
Cost_
380,000RMB

项目名称_
麦田造型
主案设计_
邹巍
项目地点_
江西 景德镇
项目面积_
240平方米
投资金额_
38万元

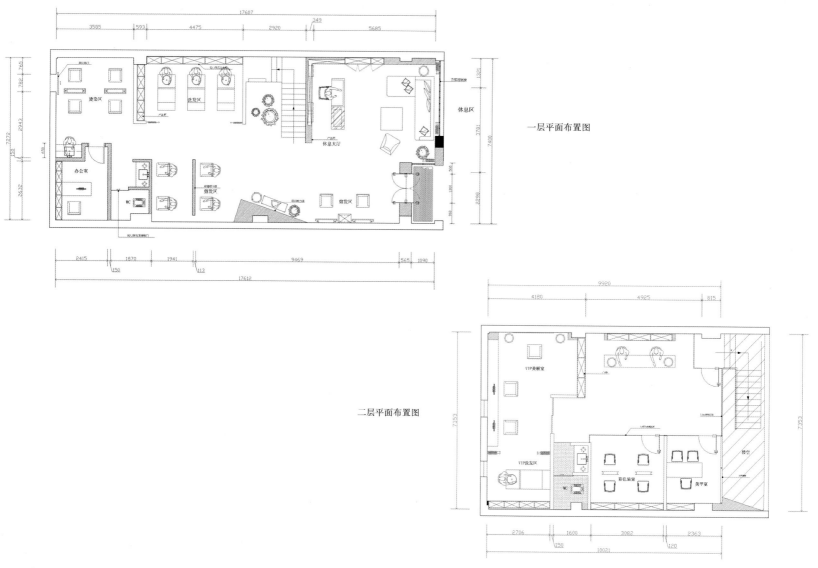

一层平面布置图

二层平面布置图

主案设计：
许业武 Xu Yewu
博客：
http://489915.china-designer.com
公司：
意丰德行室内设计有限公司
职位：
设计总监

职称：
高级室内设计师
项目：
江苏苏酒酒业有限公司
香港POSH科誉南京体验中心

香港尊尚一品养生会所
Hongkong Zunshang Yipin Health Club

A 项目定位 Design Proposition
香港尊尚一品养生会所是将现代科技与传统道家养生理念完美结合的养生佳地。本案所做的不仅仅是室内设计，而是尽善尽美的诠释着文化创意产业在现代行业中绽放的魅力。

B 环境风格 Creativity & Aesthetics
设计师在该现代空间中运作中式、时尚、简约三种不同性质的混合语言，清新秀丽、悠然惬意。

C 空间布局 Space Planning
空间划分上借鉴了禅意的虚实结合，曲径通幽，丝丝神秘感被营造的恰倒好处。

D 设计选材 Materials & Cost Effectiveness
漫步其中，潺潺流水，茵茵嫩叶，花儿开在了墙壁、桌角、柜边……壁画超逸而含蓄的的韵味，雕花木隔透出若有若无的光影，那颗烦躁的尘心在这里顿获清净。色彩鲜艳的纱幔，不锈钢、玻璃等现代装饰材料的运用，及对木材的钟情都体现了自然与人工的浑然天成。每个包间都不尽相同，但都通透大气又带着些许玲珑雅致浪漫的风情。黑的大气、白的纯净、银的雅致、红的跃动，色彩性格赋予空间情感，温文尔雅亦拥有灵动的时间气质。一杯清茶，几曲古风，点点滴滴的乐趣便在其中。

E 使用效果 Fidelity to Client
自然、舒适、简约于一身的养生会所，客人在此得到放松。业主满意。

Project Name_
Hongkong Zunshang Yipin Health Club
Chief Designer_
Xu Yewu
Participate Designer_
Lu Yinluan , Xu Zhiling
Location_
Nanjing Jiangsu
Project Area_
300sqm
Cost_
1,500,000RMB

项目名称_
香港尊尚一品养生会所
主案设计_
许业武
参与设计_
卢银銮、徐志玲
项目地点_
江苏 南京
项目面积_
300平方米
投资金额_
150万元

JINTANGPRIZE 金堂奖

2011 中国室内设计年度评选
CHINA INTERIOR DESIGN AWARDS 2011

参评机构

刘红蕾 _ 海口鸿洲埃德瑞皇家园林酒店 /012

杨邦胜 _ 成都岷山饭店 /016

陈向京 _ 嘉兴月河客栈 /020
徐婕媛 _ 安徽九华山平天明珠一期 /044
曾莹 _ 海南卡森博鳌亚洲湾 /046

洪忠轩 _ 重庆野生动物世界两江假日酒店 /024
洪忠轩 _ 张家界阳光酒店 /028

屈彦波 _ 长春东方假日酒店 /038
屈彦波 _ 竹林春晓 /176

谢绍贤 _ 龙湾戴斯商务酒店 /042

梁晨 _ 玫瑰庄园温泉度假酒店 /050

吕靖 _ 蒲公英酒店 /064

孙彦清 _ 南京御豪汤山温泉国际酒店 /078

郑仕樑 _ 杭州千岛湖滨江希尔顿度假酒店 /080

王治 _ 华美达宜昌大酒店 /096

陆嵘 _ 世博洲际酒店 /108
陆嵘 _ 无锡灵山胜境三期灵山精舍 /112

彭彤 _ 西昌岷山饭店 /116

张根良 _ 崂山温泉小镇 · 温泉木屋 /122

孙华锋 _ 美丽一生 SPA 会所 /134

刘卫军 _ 阳光金城别墅会所 /156

王闯 _ 阳光新业会所 /144

胡若愚 _ 厦门海峡国际社区原石滩 SPA 会所 /172

宋戏 _ 大连瑶池温泉会馆 /180

孙传进 _ 巴登巴登温泉酒店 /194

施传峰 _ 演绎风情空间 /200

徐晓丽 _ 毛戈平生活馆 /210

刘旭东 _ 潇湘会所室内设计 /220

邹巍 _ 麦田造型 /228

许业武 _ 香港尊尚一品养生会所 /232

图书在版编目（CIP）数据

中国室内设计年度优秀酒店、休闲空间作品集 / 金堂奖组委会编 .
-- 北京：中国林业出版社 , 2012.1 （金设计 1）
ISBN 978-7-5038-6403-2

Ⅰ . ①中… Ⅱ . ①金… Ⅲ . ①饭店 – 室内装饰设计 –
作品集 – 中国 – 现代 Ⅳ . ① TU247.4

中国版本图书馆 CIP 数据核字 (2011) 第 239205 号

本书编委员会

组编：《金堂奖》组委会

编写：邱利伟◎董　君◎王灵心◎王　茹◎魏　鑫◎徐　燕◎许　鹏◎叶　洁◎袁代兵◎张　曼

王　亮◎文　侠◎王秋红◎苏秋艳◎孙小勇◎王月中◎刘昊刚◎吴云刚◎周艳晶◎黄　希

朱想玲◎谢自新◎谭冬容◎邱　婷◎欧纯云◎郑兰萍◎林仪平◎杜明珠◎陈美金◎韩　君

李伟华◎欧建国◎潘　毅◎黄柳艳◎张雪华◎杨　梅◎吴慧婷◎张　钢◎许福生◎张　阳

温郎春◎杨秋芳◎陈浩兴◎刘　根◎朱　强◎夏敏昭◎刘嘉东◎李鹏鹏◎陆卫婵◎钟玉凤

高　雪◎李相进◎韩学文◎王　焜◎吴爱芳◎周景时◎潘敏峰◎丁　佳◎孙思睛◎邝丹怡

秦　敏◎黄大周◎刘　洁◎何　奎◎徐　云◎陈晓翠◎陈湘建

整体设计：A&E 北京湛和文化发展有限公司
http://www.anedesign.com

中国林业出版社 · 建筑与家居出版中心

责任编辑：纪　亮 \ 李　顺
出版咨询：（010）8322 5283

出版：中国林业出版社

（100009 北京西城区德内大街刘海胡同 7 号）

网址：www.cfph.com.cn

E-mail：cfphz@public.bta.net.cn

电话：（010）8322 3051

发行：新华书店

印刷：恒美印务（广州）有限公司

版次：2012 年 1 月第 1 版

印次：2012 年 1 月第 1 次

开本：240mm×300mm，1/8

印张：14.75

字数：150 千字

本册定价：226.00 元（全套定价：1288.00 元）

图书下载：凡购买本书，与我们联系均可免费获取本书的电子图书。

E-MAIL：chenghaipei@126.com　　QQ：179867195